从Excel到Python

Python

用Python轻松处理Excel数据

曾贤志 著

电子工业出版社·
Publishing House of Electronics Industry
北京·BEIJING

内 容 简 介

本书是写给非 IT 领域职场人员的 Python 数据处理指南。因为本书面向的不是专业的程序员，所以在叙述上通俗易懂。为了让读者在学习时对 Python 的知识点有更深刻的理解，书本采用了即学即用的讲解方式：在介绍知识点的同时，将知识点穿插到案例应用中。而案例应用采用"提出要解决的问题→找到解决问题的思路→展示完成前后的对比效果→提供解决问题的代码→逐步分析代码"的方式进行讲解，使读者既学会了 Python 的知识点，也厘清了解决问题的思路，同时掌握了代码的编写技巧。

本书主要内容包括 Python 基础、Python 第三方库、循环语句与分支语句、字符串处理技术、列表处理技术、元组处理技术、字典处理技术、集合处理技术、Python 自定义函数、常用高阶函数应用、openpyxl 库及 Python 与 Excel 综合应用案例。

图书在版编目（CIP）数据

从 Excel 到 Python：用 Python 轻松处理 Excel 数据 / 曾贤志著. —北京：电子工业出版社，2021.2
ISBN 978-7-121-40449-8

Ⅰ. ①从… Ⅱ. ①曾… Ⅲ. ①软件工具－程序设计 Ⅳ. ①TP311.561

中国版本图书馆 CIP 数据核字(2021)第 012449 号

责任编辑：王　静
印　　刷：中煤（北京）印务有限公司
装　　订：中煤（北京）印务有限公司
出版发行：电子工业出版社
　　　　　北京市海淀区万寿路 173 信箱　邮编：100036
开　　本：720×1000　1/16　印张：17.5　字数：336 千字
版　　次：2021 年 2 月第 1 版
印　　次：2021 年 2 月第 1 次印刷
定　　价：79.00 元

凡所购买电子工业出版社图书有缺损问题，请向购买书店调换。若书店售缺，请与本社发行部联系，联系及邮购电话：(010) 88254888，88258888。

质量投诉请发邮件至 zlts@phei.com.cn，盗版侵权举报请发邮件至 dbqq@phei.com.cn。

本书咨询联系方式：010-51260888-819，faq@phei.com.cn。

前言

学习 Python 的必要性

对于职场人员来说，要处理数据，大多会选择使用 Excel，还有必要学习 Python 吗？当然有。Excel 虽然处理数据灵活、高效、强大，但这些优势都局限在 Excel 自带的功能中，而 Excel 中没有的功能，只能用 VBA 完成。而 VBA 的语法没有 Python 的语法优雅、简捷，功能扩展比较有限，调试起来也比较麻烦。另外，Python 还有多到用户无法想象的第三方库。用户想要的功能模块，都可以找到对应的库。这也是 Python 流行的原因。

Python 是当前较热门的编程语言之一，当你学会使用 Python 后，用 Python 可以实现工作、生活中的各种奇思妙想。

本书的写作特点

本书从零开始讲解 Python 的基础知识，为了让读者在学习时对 Python 的知识点有更深刻的理解，本书采用了即学即用的讲解方式。在介绍知识点的同时，将知识点穿插到案例应用中，而案例应用采用"提出要解决的问题→找到解决问题的思路→展示完成前后的对比效果→提供解决问题的代码→逐步分析代码"的方式进行讲解，使读者既学会了 Python 的知识点，也厘清了解决问题的思路，同时掌握了代码的编写技巧。

本书的主要内容

本书是写给非 IT 领域职场人员的。因为本书面向的不是专业程序员，所以在叙述上通俗易懂。本书分为 12 章，每章的内容分别如下。

第 1 章：介绍 Python 的基础知识。

第 2 章：讲解 xlrd、xlwt、xlutils 这 3 个处理 Excel 文件的第三方库的安装方法，并讲解使用它们对 Excel 文件进行的一些基本操作。

第 3 章：讲解 Python 中的循环语句与条件分支语句的语法结构和使用方法等。

第 4 章：讲解字符串的切片、统计、搜索、替换、拆分与合并等。

第 5 章：讲解列表的创建、删除与切片，列表元素的增加、删除和修改，列表操作符，列表推导式，以及列表的转换、统计等。

第 6 章：讲解元组处理技术。由于元组对象相当于只读列表，因此元组的操作与列表的操作基本相同。本章只讲解它们的差异部分。

第 7 章：讲解字典的基础操作，字典键值的修改、增加、删除，以及将其他序列对象转换为字典的不同方法。

第 8 章：讲解集合的创建与删除、集合元素的添加与删除，以及集合之间的各种布尔运算。

第 9 章：讲解在 Python 中如何创建自定义函数、创建自定义函数时不同类型参数的写法和匿名函数的写法，以及自定义函数在不同位置的调用方法。

第 10 章：讲解 map、filter、sort 和 sorted 这 4 个高阶函数的使用方法。

第 11 章：讲解 openpyxl 库的安装，以及工作簿、工作表、单元格的各种基本操作。

第 12 章：应用本书讲解的知识点，列举了 10 个经典的综合应用案例。

本书读者对象

本书适合有一定 Excel 基础的读者阅读，或者对数据进行整理、汇总、分析等处理有需求的读者阅读；同样适合财务人员、统计人员、仓库管理人员、数据分析人员和电子商务相关人员阅读。

致谢

一路走来，要感谢太多影响和帮助过我的人。

首先感谢我的父母，虽然我敢肯定他们不会看、也看不懂本书，但是他们给了我受教育的机会，才有了现在的我。

感谢我的职业领路人周茂生先生，当初如果没有他的引导，我就不会从事办公软件培训工作，更不会有码字成书的机会。

感谢我的妻子曾瑜女士，做好了我的后勤工作，能让我心无旁骛地写作，并且还不时地催促我："快写吧，村东头厕所都没纸了。"

最后，还要感谢本书的幕后英雄，感谢你们在封面设计、文字校对、文稿润色、出版安排等方面的辛苦工作，谢谢你们！

本书读者服务

本书中所使用的大部分案例均附有配套素材文件供读者下载（下载方式请见本书封底）。

因笔者水平有限，书稿虽经多次修改，但纰漏之处在所难免，欢迎及恳请读者朋友给予批评与指正（笔者邮箱：zxzyer@qq.com）。

作　者

目录

第 1 章

Python 基础——学习 Python 必知必会

本章主要讲解学习 Python 的必要性、下载并安装 Python、安装 Python 集成开发工具 PyCharm、Python 的输入与输出、Python 的代码注释、Python 中对象的概念、Python 中的数字和字符串、Python 编程常用的运算符、格式化字符串、调试 Python 中的代码等。

1.1　什么是 Python

近年来，大数据、人工智能、机器学习的火热使得越来越多的人开始关注 Python，那么 Python 到底是什么呢？

Python 是一门比较容易学习的开源语言，也是一种解释型且面向对象的动态数据类型的高级程序设计语言。Python 应用场景广泛，在 Web 开发、网络编程、爬虫、云计算、人工智能、自动化运维、数据分析、游戏开发等领域都有应用。

1.2　为什么要学习用 Python 处理 Excel 表格

Excel 是一款功能强大的电子表格软件，但是再强大的软件也有短板，比如在做一些批量的、重复性的工作或进行数据分析时，如果 Excel 自带的功能不能完成，就必须用 Excel 中的 VBA 语言来做二次开发。VBA 虽然强大，但应用范围没有 Python 的应用范围广泛，而且 VBA 只局限于在指定的软件中使用，而 Python 是没有约束的，有着丰富的内置库和第三方库，功能扩展更为灵活。

未来的职场人员掌握一门编程语言将是标配。对于非 IT 专业的人士来说，要学习一门编程语言，何其难也。即使 Python 易学易懂，但对于普通职场人员来说还是太难了。如果没有熟悉的案例来辅助学习，学习过程也是非常枯燥的。

因此，本书以处理 Excel 数据为切入点来讲解 Python，让读者不但学会处理数据的更多方法，而且也初步掌握了一门编程语言，相当于给了读者一把打开编程大门的钥匙，为工作提供更多、更好的解决方案。

1.3　手把手教你安装 Python

在学习 Python 之前，需要安装 Python 解释器，如果用户使用的是 Windows 操作系统，那么下载的 Python 解释器必须支持 Windows 操作系统。

1.3.1　下载 Python

在浏览器的地址栏中输入 Python 的官方网址，按 Enter 键打开网站首页。在本书中，Python 的运行环境是 Windows 操作系统，所以下载 Windows 版本的 Python 即可。

在 Python 网站首页中，单击【Downloads】菜单中的【Windows】选项，然后选择对应的下载方式，如图 1-1 所示。这里说明一下下载方式中不同单词的意义。

图 1-1　选择对应的下载方式

Windows x86-64：适用于 64 位 Windows 操作系统。

Windows x86：适用于 32 位 Windows 操作系统。

embeddable zip file：解压安装，下载的是一个压缩文件，解压后即安装完成。

executable installer：程序安装，下载的是一个 EXE 可执行程序，双击即可进行安装。

web-based installer：在线安装，下载的是一个 EXE 可执行程序，双击后，该程序自动下载安装文件（需要有网络）并进行安装。

笔者在编写此书时，Python 的最新版本是 3.7.4，后续 Python 官网会持续更新，可能读者看到的最新版本和本书的不一样。这里笔者选择的是"Download Windows x86-64 executable installer"下载方式。

下载完成后，桌面上有一个压缩文件图标，如图 1-2 所示。

图 1-2　压缩文件图标

1.3.2　安装 Python

Python 安装包下载完成后，就可以安装了，安装步骤如下。

第 1 步：将鼠标指针放在 Python 压缩文件上，然后右击，在弹出的快捷菜单中选择【以管理员身份运行】命令，如图 1-3 所示。

图 1-3　在快捷菜单中选择【以管理员身份运行】命令

第 2 步：在弹出的对话框中选中【Install launcher for all users (recommended)】和
【Add Python 3.7 to PATH】复选框，如图 1-4 所示。这两个选项的含义如下。

- 【Install launcher for all users (recommended)】：为所有用户安装启动程序（推荐），
  这样每个 Windows 账户都可以使用。
- 【Add Python 3.7 to PATH】：添加到 PATH，即把 Python 的安装路径添加到系统
  环境变量 PATH 中。

图 1-4 所示的对话框中还提供了两种安装方式，分别为【Install Now】和【Customize
installation】。

- 【Install Now】：默认设置安装，自动安装 Python 到 C 盘中。
- 【Customize installation】：自定义安装，用户可设置自己的 Python 使用环境。
  推荐使用这种安装方式。

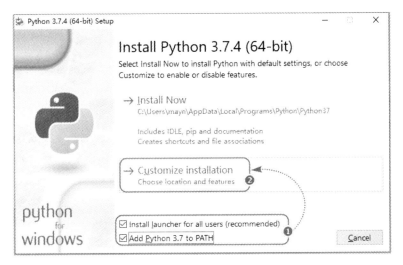

图 1-4　安装设置 1

选择【Customize installation】安装方式后会自动打开下一个对话框。

第 3 步：在弹出的对话框中勾选所有复选框，然后单击【Next】按钮，如图 1-5
所示。

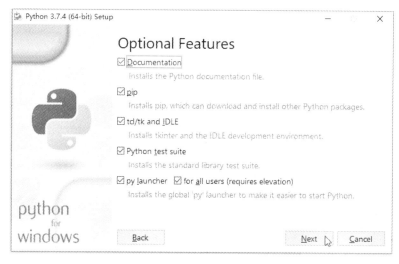

图 1-5　安装设置 2

下面介绍图 1-5 中各选项的含义。

- 【Documentation】复选框：Documentation 是 Python 英文版技术手册，也就是入门指南，这个必须安装。

- 【pip】复选框：pip 是 Python 包管理工具，该工具提供对 Python 包进行查找、下载、安装、卸载等功能。

- 【tcl/tk and IDLE】复选框：IDLE 是 Python 软件包自带的一个集成开发环境，初学者可以利用它方便地创建、运行、测试和调试 Python 程序。测试安装是否成功的操作就是由它来执行的。

- 【Python test suite】复选框：Python 测试容器，用户项目开发时的错误原因就是由它来判断与提示的。

- 【py launcher】复选框：Python 的桌面快捷方式，可以更方便地启动 Python。

- 【for all users (requires elevation)】复选框：给所有用户安装快捷方式，要求有管理员权限。

第 4 步：在弹出的对话框中勾选所有复选框，默认安装路径为 "C:\Program Files\Python37"，这里选择安装在 "D:\Python" 目录下，如图 1-6 所示。用户也可以根据实际情况修改安装路径，完成后单击【Install】按钮。

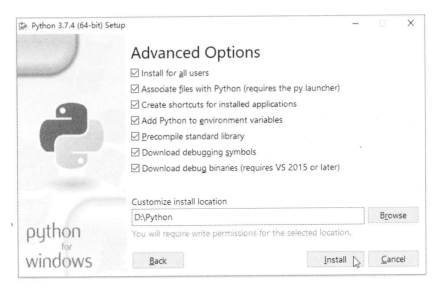

图 1-6   安装设置 3

下面介绍图 1-6 中各选项的含义。

- 【Install for all users】复选框：为所有用户安装 Python。

- 【Associate files with Python (requires the py launcher)】复选框：关联所有 Python 相关文件。

- 【Create shortcuts for installed applications】复选框：创建桌面快捷方式。

- 【Add Python to environment variables】复选框：添加环境变量，选择该复选框后，在 CMD 里直接输入 py 就可以打开 Python 控制台程序。建议勾选此复选框。

- 【Precompile standard library】复选框：预编译公共库，可提升运行速度。建议勾选此复选框。

- 【Download debugging symbols】复选框：下载调试符号，符号用于在调试时定位出错的代码行数。用户的 Python 如果用作开发环境，则推荐勾选此复选框；如果用作运行环境，则可以不勾选。

- 【Download debug binaries (requires VS 2015 or later)】复选框：下载用于 VS 的调试符号。如果不使用 VS 作为开发工具，则无须勾选。

- 【Customize install location】文本框：用于设置 Python 的安装目录。

第 5 步：设置好安装选项后，正式开始安装，只需要等待即可，如图 1-7 所示。

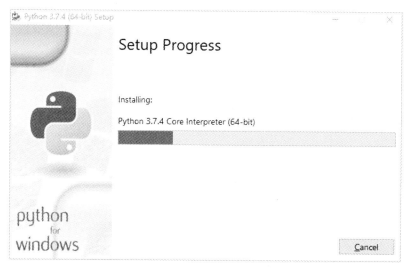

图 1-7　正在安装程序

第 6 步：安装完成后，会弹出 Setup was successful 对话框，表示 Python 安装成功，单击【Close】按钮关闭即可，如图 1-8 所示。

图 1-8　安装成功

1.3.3　验证是否安装成功

安装完 Python 程序之后，可以做一个测试来验证是否安装成功，操作步骤如下。

第 1 步：在 Windows 操作系统左下角的【开始】按钮上右击，在弹出的快捷菜单中选择【运行】命令，如图 1-9 所示。

还有一种快捷方式，就是按 Windows+R 组合键。

图 1-9　在快捷菜单中选择【运行】命令

第 2 步：弹出【运行】对话框，在【打开】文本框中输入命令 "cmd"，然后单击【确定】按钮，如图 1-10 所示。

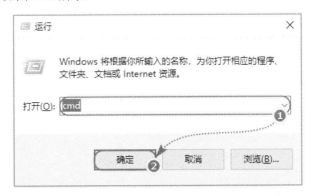

图 1-10　输入命令并单击【确定】按钮

第 3 步：在打开的命令提示符对话框中输入 "python" 或 "py"，再按 Enter 键，这时会显示与 Python 相关的版本信息，进入 Python 交互模式，表明安装成功，如图 1-11 所示。

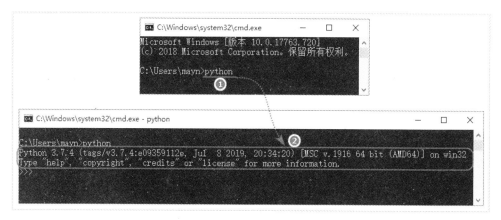

图 1-11 显示与 Python 相关的版本信息

1.4 安装 Python 集成开发工具 PyCharm

PyCharm 是一个 Python IDE，带有一整套可以帮助用户在使用 Python 语言开发时提高效率的工具，比如调试、语法高亮、工程管理、代码跳转、智能提示、单元测试、版本控制等。

1.4.1 下载 PyCharm

第 1 步：打开 PyCharm 官方网站后，会弹出如图 1-12 所示的界面，单击【DOWNLOAD】按钮。

图 1-12 单击【DOWNLOAD】按钮

第 2 步：弹出一个新界面，如图 1-13 所示，这里提供了支持 Windows、macOS、Linux 三种操作系统的 PyCharm。本书基于 Windows 环境进行讲解，所以选择【Windows】选项，该选项下有 Professional（专业版、收费）和 Community（社区版、免费），单击 Community 下的【DOWNLOAD】按钮进行下载。

图 1-13　弹出的新界面

1.4.2　安装 PyCharm

PyCharm 下载完成后，就可以安装了，安装步骤如下。

第 1 步：将鼠标指针指向下载好的 PyCharm 安装包，然后右击，在弹出的快捷菜单中选择【以管理员身份运行】命令，如图 1-14 所示。

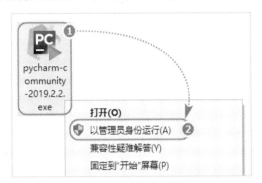

图 1-14　在快捷菜单中选择【以管理员身份运行】命令

第 2 步：在打开的对话框中单击【Next】按钮，继续进行安装，如图 1-15 所示。

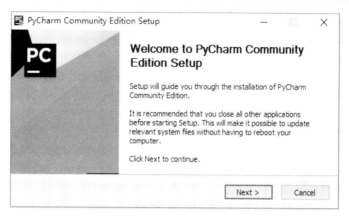

图 1-15　单击【Next】按钮

第 3 步：在打开的对话框中将 PyCharm 的安装目录设置为 "D:\PyCharm"，然后单击【Next】按钮，如图 1-16 所示。

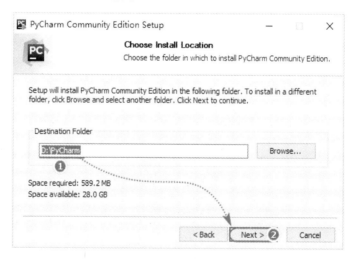

图 1-16　设置安装目录

第 4 步：在打开的对话框中勾选【64-bit launcher】复选框，如图 1-17 所示，表示在桌面上创建 PyCharm 程序的快捷方式，完成后单击【Next】按钮。

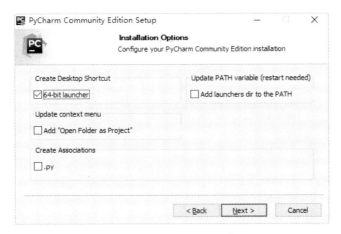

图 1-17　勾选【64-bit launcher】复选框

图 1-17 中各个选项的含义如下。

- 【Create Desktop Shortcut】：创建桌面快捷方式，如果需要，可勾选下面的【64-bit launcher】复选框。
- 【Update PATH variable (restart needed)】：将 PyCharm 的启动目录添加到环境变量（需要重启）中，如果需要使用命令行操作 PyCharm，则勾选下面的【Add launchers dir to the PATH】复选框。
- 【Update context menu】：添加快捷菜单，使用打开项目的方式打开文件夹。如果用户经常需要下载别人的代码进行查看，可以勾选下面的【Add "Open Folder as Project"】复选框，增加快捷菜单选项。
- 【Create Associations】：勾选下面的【.py】复选框，可将所有.py 文件关联到 PyCharm，也就是双击计算机中的.py 文件，会默认使用 PyCharm 打开。

第 5 步：打开如图 1-18 所示的对话框，做好 PyCharm 的相关设置后，单击【Install】按钮开始安装程序。

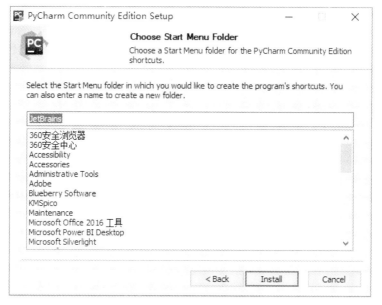

图 1-18　单击【Install】按钮安装程序

第 6 步：弹出如图 1-19 所示的对话框，等待安装即可。

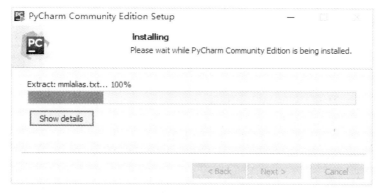

图 1-19　正在安装对话框

第 7 步：安装完成后，弹出如图 1-20 所示的对话框，可以勾选【Run PyCharm Community Edition】复选框，马上运行 PyCharm 程序，这里暂时不勾选该复选框，单击【Finish】按钮，安装成功。

图 1-20   安装成功对话框

1.4.3   设置 PyCharm

安装好 PyCharm 后，还要进行相关的设置，设置 PyCharm 的步骤如下。

第 1 步：在桌面上双击 PyCharm 图标，首次运行 PyCharm 时，会弹出设置对话框。如果之前使用过 PyCharm 并进行过相关的设置，则在此处选择【Config or installation folder】单选按钮；如果没有使用过，则选择【Do not import settings】单选按钮，然后单击【OK】按钮，如图 1-21 所示。

图 1-21   设置对话框

第 2 步：弹出用户使用软件的相关协议对话框，选择【I confirm that I have read and accept the terms of this User Agreement】复选框后，单击【Continue】按钮，如图 1-22 所示。

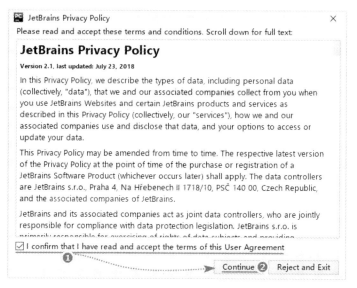

图 1-22　用户使用软件的相关协议对话框

第 3 步：在弹出的对话框中确定是否需要进行数据共享。这里单击【Don't send】按钮，不进行数据共享，如图 1-23 所示。

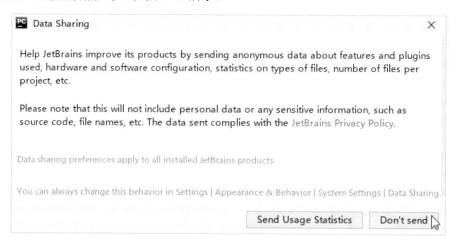

图 1-23　单击【Don't send】按钮

第 4 步：在弹出的对话框中选择主题，左边为【Darcula】(黑色主题)，右边为【Light】(白色主题)。用户可根据需要进行选择，这里选择的是【Light】，然后单击【Next: Featured plugins】按钮，如图 1-24 所示。

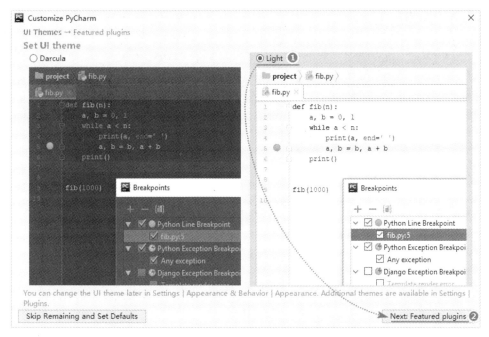

图 1-24　选择主题

第 5 步：弹出如图 1-25 所示的对话框，可以安装插件，也可以不安装插件。这里不安装插件，直接单击【Start using PyCharm】按钮，启动 PyCharm 程序。

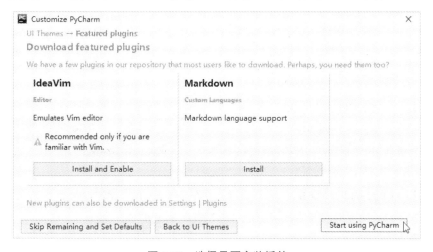

图 1-25　选择是否安装插件

1.4.4 创建项目

完成 PyCharm 设置后，就可以开始创建 Python 项目了，创建步骤如下。

第 1 步：设置 Python 后，会弹出如图 1-26 所示的对话框，【Create New Project】选项表示创建新项目，【Open】选项表示打开已经存在的项目。这里创建一个新项目，所以选择【Create New Project】选项。

图 1-26　创建 PyCharm 项目对话框

第 2 步：在弹出的对话框中将项目创建在 "D:\PycharmProjects" 文件夹中，单击【Project Interpreter:Python 3.7】下拉按钮，会显示【New environment using】和【Existing interpreter】两个选项。

- 【New environment using】：默认选项，为项目创建一个新的环境。选择该单选按钮后，"D:\PycharmProjects\venv" 文件夹中会存放一个虚拟的 Python 环境，所有的类库依赖都可以直接脱离系统安装的 Python 独立运行。如果用户要创建多个项目，那么最好选择此默认选项。
- 【Existing interpreter】：表示关联已经存在的 Python 解释器，如果不想在项目中出现 venv 虚拟解释器，可以选择本地安装的 Python 环境。

这里选择【Existing interpreter】单选按钮，然后单击【Create】按钮，如图 1-27 所示。

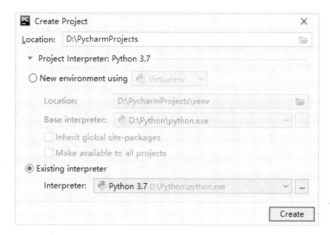

图 1-27　选择本地安装的 Python 环境

第 3 步：在弹出的对话框中取消选择【Show tips on startup】复选框，表示取消显示欢迎界面，然后单击【Close】按钮，如图 1-28 所示。

图 1-28　取消显示欢迎界面

第 4 步：在弹出的界面中将鼠标指针指向【PycharmProjects】文件夹，右击后在弹出的快捷菜单中选择【New】→【Python File】命令，弹出【New Python file】对话框，输入文件的名称，如"demo"，如图 1-29 所示。最后按 Enter 键，完成 Python 文件的创建。

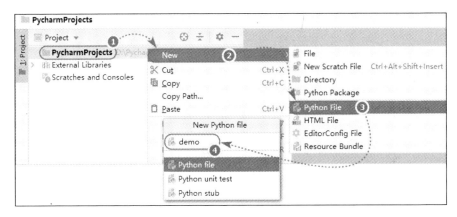

图 1-29　创建 Python 文件

第 5 步：此时就可以在"demo.py"文件中编写 Python 代码了，如图 1-30 所示。

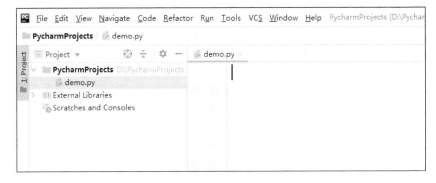

图 1-30　编写 Python 代码

1.5　Python 的输出与输入

将 Python 程序和 PyCharm 编辑器安装好之后，就可以编写和运行 Python 代码了。一般在学习编程语言时，都要测试一下输出和输入效果，让初学者有小小的成就感。

1.5.1　输出

一般查看输出结果可以使用 print 函数，案例代码如下，代码在"Chapter-1-1.py"文件中。

```
1#  print('嗨！python 我来了！')
```

在代码上右击，在弹出的快捷菜单中选择【Run 'Chapter-1-1'】命令，或者按【Ctrl+Shift+F10】组合键运行。注意，运行代码的方法后续将不再赘述。运行当前"Chapter-1-1.py"文件，在窗口下方显示了运行结果"嗨! python 我来了!"，代码运行成功，如图 1-31 所示。

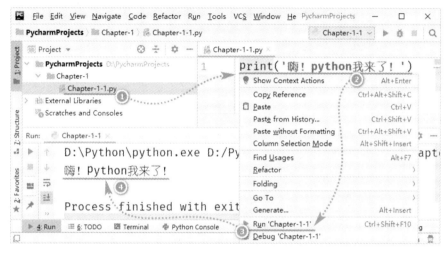

图 1-31　输出案例

1.5.2　输入

读者知道了使用 print 函数可以完成数据的输出，那么如何编写输入语句呢？一般使用 input 函数。案例代码如下，代码在"Chapter-1-2.py"文件中。

```
1#  name=input('请输入你的姓名：')
2#  print(name)
```

运行代码，如图 1-32 所示，窗口下面③处是运行第 1 行代码 name=input('请输入你的姓名：')后的结果，此时暂停，要求用户输入姓名，比如输入"曾贤志"，然后按 Enter 键。程序将输入的姓名赋值给变量 name，然后继续运行第 2 行代码 print(name)，此时 print 函数将 name 变量中的值打印在屏幕上，④处显示的是最后的输出结果。

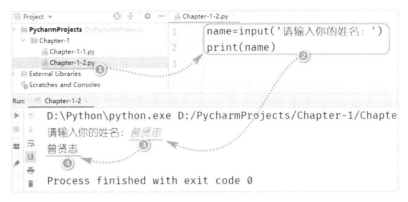

图 1-32 输入案例

在后续内容的讲解中，可能会经常用到 print 和 input 两个函数来做数据测试，读者需要掌握它们。

1.6 Python 的代码注释

代码注释就是为写好的代码片段添加注解。做代码注释有以下两点好处：

- 能更好地维护项目，也能让阅读者更快地读懂代码的意思；
- 在做代码调试时，如果需要让一部分代码暂时不运行，就可以使用注释的方法。

1.6.1 单行注释

单行注释，即注释只作用于一行。在单独的行写注释内容之前，要输入 "#"（井号），案例代码如下，代码在 "Chapter-1-3.py" 文件中。

```
1#  #将数据输出到屏幕上
2#  print('嗨! python 我来了! ')
3#  #在此输入姓名
4#  name=input('请输入你的姓名: ')
5#  #输出输入的数据
6#  print(name)
```

在 PyCharm 中，进行代码注释也可以使用快捷键，选择要注释的行（单行或多行均可），然后按【Ctrl+/】组合键，如果需要取消注释，则再按一次【Ctrl+/】组合键。

除单独在一行中做注释外，也可以在代码的后面做注释，案例代码如下（代码在

"Chapter-1-4.py" 文件中）。

```
1#  print('嗨! python 我来了! ') #将数据输出到屏幕上
2#  name=input('请输入你的姓名：') #在此输入姓名
3#  print(name) #将打印出输入的数据
```

> 注意，在代码后面做注释，不能使用【Ctrl+/】组合键。

1.6.2 多行注释

如果有大段的注释文字要写，则可以使用多行注释的方法。多行注释的内容要包含在一对单引号中，6 个单引号为一对，案例代码如下，代码在 "Chapter-1-5.py" 文件中。单引号中的内容不会被运行。

```
1#  '''
2#  print 函数表示将数据输出
3#  input 函数表示要接收输入的数据
4#  两个函数可以结合使用
5#  '''
6#  name=input('请输入你的姓名：')
7#  print(name)
```

除使用单引号做注释外，也可以使用双引号来做注释，案例代码如下，代码在 "Chapter-1-6.py" 文件中。双引号中的内容也不会被运行。

```
1#  """
2#  print 函数表示将数据输出
3#  input 函数表示要接收输入的数据
4#  两个函数可以结合使用
5#  """
6#  name=input('请输入你的姓名：')
7#  print(name)
```

到底是使用单引号做注释，还是使用双引号做注释，没有强制规定，完全根据用户的习惯而定。

1.7 Python 对象详解

真实的世界是由千千万万的对象组成的。在 Python 的编程世界里，所有的一切也可以看作对象，比如数字、字符，以及后面将会学到的列表、元组、集合、字典、函数等。用户可以使用这些对象，也可以在 Python 中创建自己的对象。

1.7.1　类的定义

类也是一种对象，只不过它是用来创建对象的一种对象。类用来描述具有相同属性和方法的对象集合，它定义了该集合中每个对象所共有的属性和方法，对象是类的实例。也就是说，对象是由类创建的。比如，后面的章节中会讲解通过 list 类来创建或转换一个列表对象。

1.7.2　对象的身份

在现实生活中，人就是一个类，而每一个具体的人就是对象，具体的人可以靠身份证号来进行识别，也可以定位所在位置。Python 中的对象也是有身份的，可以通过 id 函数来识别对象在内存中的地址。比如，字符串'曾贤志'就是对象，输入代码 print(id('曾贤志'))（代码在 "Chapter-1-7.py" 文件中），屏幕上的输出结果为 2673213256496，这串数字就可以看作该字符串在内存中的地址，并且具有唯一性。但是，这串数字是变化的，因此在测试代码时，每次输出的结果可能不一样，读者不要为此感到困惑。

```
1#  print(id('曾贤志'))    #返回数字 2673213256496
```

1.7.3　对象的类型

虽然万物皆对象，但对象也有类型之分。比如，猪、狗、牛、马、花、草、树、木等都是对象，但它们却是不同的类型，猪、狗、牛、马是动物类型，花、草、树、木是植物类型。

在 Python 中，99、888、'abc'都是对象，9 和 888 是数字类型，而'abc'是字符串类型。不同类型的对象有着不同的属性和方法，遵循不同的规则。

要查看对象的类型，可以使用 type 函数。比如，输入代码 print(type(99))，代码在 "Chapter-1-8.py" 文件中，返回结果为<class 'int'>，表示 99 是 int 类型，也就是整数类型。再比如，输入代码 print(type('abc'))，返回结果为<class 'str'>，表示'abc'是 str 类型，也就是字符串类型。其他对象的类型就不一一列举了，后文中会涉及。

```
1#  print(type(99))    #返回<class 'int'>
```

```
2# print(type('abc'))  #返回<class 'str'>
```

1.7.4　对象的值

对象除有身份、类型外，还有值。人的名字就可以看作值。在 Python 中，有的对象的值是可以改变的，有的对象的值不可以改变。比如，数字、字符、元组都是不可以改变值的对象。

1.7.5　对象的属性

对象的特征也称为属性。比如，字符串'abcd'，它的字符长度为 4，这个长度就是该字符串的属性。

1.7.6　对象的方法

对象所具有的行为也可以称作方法。比如，对字符串'a-b-c-d'进行拆分，这个拆分就可以说是方法。在 Python 中，方法的本质是函数，在类中定义的函数叫作方法，没在类中定义的函数就叫作函数。在后面的章节中将讲解一些内建的函数或方法，为方便读者阅读，统一都叫作函数。

1.7.7　对象与变量

在编程过程中，很多时候需要给对象设置变量，相当于给对象贴一个标签，这样更方便识别。

比如 a=1，表示给对象 1 贴一个标签，在引用变量 a 进行代码编写时，就相当于在使用对象 1。

在命名变量时，需要注意如下规则：

- 变量名可以由字母、数字、下画线（_）组成，但不能以数字开头；
- 变量名不能是 Python 关键字，但可以包含关键字；
- 变量名不能包含空格；
- 变量名尽量取得有意义，容易让人识别。

1.8　Python 中的数字与字符串

Python 中万物皆对象，数字与字符串只是其中的两种对象。为什么要先学这两种对象呢？因为这两种对象最常用，也比较容易学习。在后面的章节中将陆续讲解更多的对象。

1.8.1　数字

Python 中的数字有 3 种类型：整数、浮点数（小数）、复数。有时需要对数字进行转换，可以使用对象的函数，转换为整数使用 int 函数，转换为小数使用 float 函数，转换为复数使用 complex 函数。

将字符串'99'赋值给 num 变量，看看不同函数对 num 变量处理的不同结果。案例代码如下，代码在"Chapter-1-9.py"文件中。

```
1#  num='99'
2#
3#  print(num)#返回'99'
4#  print(type(num))#返回<class 'str'>
5#
6#  print(int(num))#返回 99
7#  print(type(int(num)))#返回<class 'int'>
8#
9#  print(float(num))#返回 99.0
10# print(type(float(num)))#返回<class 'float'>
11#
12# print(complex(num))#返回(99+0j)
13# print(type(complex(num)))#返回<class 'complex'>
```

第 3 行代码 print(num)，使用 print 函数输出 num 变量的值，结果为'99'。再运行第 4 行代码 print(type(num))，使用 type 函数测试出该变量为<class 'str'>类型，也就是字符串型数字。

第 6 行代码 print(int(num))，使用 int 函数对 num 变量进行转换，结果为 99。再运行第 7 行代码 print(type(int(num)))，使用 type 函数测试出该变量为<class 'int'>类型，也就是整型数字。

第 9 行代码 print(float(num))，使用 float 函数对 num 变量进行转换，结果为 99.0。再运行第 10 行代码 print(type(float(num)))，使用 type 函数测试出该变量为<class 'float'>

类型，也就是浮点型数字。

第 12 行代码 print(complex(num))，使用 complex 函数对 num 变量进行转换，结果为 99+0j。再运行第 13 行代码 print(type(complex(num)))，使用 type 函数测试出该变量为<class ' complex '>类型，也就是复数数字。

1.8.2　字符串

字符串就是一串字符，是一个及以上字符的集合。Python 中的字符串必须被一对单引号 (") 或双引号（""）包围起来。要将其他数据转换为字符串类型，可以使用 str 函数。比如，将数字转换为字符串类型，案例代码如下，代码在 "Chapter-1-10.py" 文件中。

```
1#  num=99
2#  print(str(num)) #返回 99
3#  print(type(str(num))) #返回<class 'str'>
```

在 Python 中，还有一些常用的特殊字符，比如换行符 (\n)、制表符 (\t)、回车符 (\r) 等。在遇到特殊字符，需要将其转换为普通字符时，在其前面加上 "\" 即可。还有另一种转换方法是，在字符串的左外侧加上字母 r（大小写均可）。

比如，在 "Chapter-1-10.py" 文件中：

```
5#  print('我是谁! \n 我在哪儿! ')  #\n 表示换行
6#  print('我是谁! \\n 我在哪儿! ')  #\n 被识别为普通字符
7#  print(r'我是谁! \n 我在哪儿! ')  #\n 被识别为普通字符
```

第 5 行代码 print('我是谁! \n 我在哪儿! ')，这里的\n 表示要换行；

第 6 行代码 print('我是谁! \\n 我在哪儿! ')，这里的\n 没有换行效果；

第 7 行代码 print(r'我是谁! \n 我在哪儿! ')，在字符串的左外侧加了 r，这里的\n 也没有换行效果，只是普通字符。

本节只讲解了数字和字符串的一些基本知识，关于它们的更多知识点，将在后文中逐步介绍。

1.9 算术运算符

Python 中的常用算术运算符有加（+）、减（−）、乘（*）、除（/）、取模（%）、幂（**）、取整数（//）。下面具体介绍这些运算符。

1.9.1 加（+）

加运算符是执行数字相加运算的符号，比如运行代码 print(100+199)，将返回数字 299。同时，加运算符也可以进行字符串的连接运算，比如运行代码 print('曾贤志'+'99 分')，返回文本'曾贤志 99 分'。案例代码如下，代码在"Chapter-1-11.py"文件中。

```
1# print(100+199)  #返回数字 299
2# print('曾贤志'+'99 分')  #返回文本'曾贤志 99 分'
```

除此之外，加号还可以在列表、元组等对象中做连接。

1.9.2 减（−）

减运算符是执行数字相减运算的符号，比如运行代码 print(100-99)，返回结果 1。案例代码如下，代码在"Chapter-1-12.py"文件中。

```
1# print(100-99)  #返回结果 1
2# print('100'-99)  #不能正确计算
```

如果相减的两个值中有一个值不是标准数字，就不能正确进行计算。如图 1-33 所示，运行代码 print('100'-99)后，提示"unsupported operand type(s) for -: 'str' and 'int'"，意思是一个值为字符串型，另一个值为整型，这两种数据类型不能在一起运算。

```
Chapter-1-12.py
Chapter-1-10.py      1    print(100-99)#返回结果1
Chapter-1-11.py      2    print('100'-99) #不能正确计算
Chapter-1-12.py
ernal Libraries
atches and Consoles
Chapter-1-12

D:\Python\python.exe D:/PycharmProjects/Chapter-1/Chapter-1-12.py
1
Traceback (most recent call last):
  File "D:/PycharmProjects/Chapter-1/Chapter-1-12.py", line 2, in
    print('100'-99)
TypeError: unsupported operand type(s) for -: 'str' and 'int'
```

图 1-33　错误的减法运算案例

1.9.3　乘（*）

乘运算符是执行数字相乘运算的符号，比如运行代码 print(100*99)，返回 9900。乘运算符也有重复的作用,可对字符串重复进行运算,比如运行代码 print('python!'*3)，返回 "python!python!python!"。案例代码如下，代码中的 "*3" 表示重复 3 次，代码在 "Chapter-1-13.py" 文件中。

```
1# print(100*99) #返回9900
2# print('python!'*3) #返回python!python!python!
```

除此之外，乘号还可以用于重复其他对象，比如列表、元组等。

1.9.4　除（/）

除运算符是执行数字相除运算的符号，比如运行代码 print(63/8)，返回 7.875。案例代码如下，代码在 "Chapter-1-14.py" 文件中。

```
1# print(63/8)   #返回数字7.875
```

注意，相除的结果为 float 型，即使商是整数，但其类型也是浮点型（小数）。

1.9.5　取模（%）

取模运算符是执行数字相除运算后取余数的符号，比如运行代码 print(63%8)，返回 7，这个值便是 63 除以 8 的余数。案例代码如下，代码在 "Chapter-1-15.py" 文件中。

```
1# print(63%8)   #返回余数7
```

1.9.6　幂（**）

幂运算符是执行乘方运算的符号。n**m 是指 m 个 n 相乘，也叫 n 的 m 次方。比如运行代码 print(4**8)，表示 4 的 8 次方，返回 65536。案例代码如下，代码在 "Chapter-1-16.py" 文件中。

```
1# print(4**8) #返回值为65536
```

1.9.7 取整数（//）

取整运算符是执行数字相除运算后取商的整数的符号，比如运行代码 print(63//8)，直接相除的商为 7.875，只取商的整数部分，所以返回 7。案例代码如下，代码在"Chapter-1-17.py"文件中。

```
1#  print(63//8)  #返回值为 7
```

1.10　比较运算符

比较运算符通常用于比较两个数值或两个表达式的大小，比较结果返回一个逻辑值（True 或 False），条件成立返回 True，条件不成立返回 False。Python 中的比较运算符有等于（==）、不等于（!=）、大于（>）、小于（<）、大于或等于（>=）、小于或等于（<=）。下面以数字为比较对象介绍比较运算符的使用方法。

1.10.1　等于（==）

等于运算符用来比较两个数值是否相等，比如运行代码 print(9==9)，返回逻辑值 True；又比如运行代码 print(9==8)，返回 False。案例代码如下，代码在"Chapter-1-18.py"文件中。

```
1#  print(9==9)  #返回逻辑值 True
2#  print(9==8)  #返回逻辑值 False
```

1.10.2　不等于（!=）

不等于运算符用来比较两个数值是否不相等，比如运行代码 print(9!=8)，返回逻辑值 True；又比如运行代码 print(9!=9)，返回逻辑值 False。案例代码如下，代码在"Chapter-1-19.py"文件中。

```
1#  print(9!=8)  #返回逻辑值 True
2#  print(9!=9)  #返回逻辑值 False
```

1.10.3　大于（>）

大于运算符用来判断其左边的数值是否大于右边的数值，比如运行代码 print(9>8)，返回逻辑值 True；又比如运行代码 print(9>9)，返回逻辑值 False。案例代码如下，代码在"Chapter-1-20.py"文件中。

```
1#  print(9>8) #返回逻辑值 True
2#  print(9>9) #返回逻辑值 False
```

1.10.4　小于（<）

小于运算符用来判断其左边的数值是否小于右边的数值，比如运行代码 print(8<9)，返回逻辑值 True；又比如运行代码 print(9<9)，返回逻辑值 False。案例代码如下，代码在"Chapter-1-21.py"文件中。

```
1#  print(8<9) #返回逻辑值 True
2#  print(9<9) #返回逻辑值 False
```

1.10.5　大于或等于（>=）

大于或等于运算符用来判断其左边的数值是否大于或等于右边的数值，比如运行代码 print(8>=9)，返回逻辑值 False；又比如运行代码 print(9>=9)，返回逻辑值 True。案例代码如下，代码在"Chapter-1-22.py"文件中。

```
1#  print(8>=9) #返回逻辑值 False
2#  print(9>=9) #返回逻辑值 True
```

1.10.6　小于或等于（<=）

小于或等于运算符用来判断其左边的数值是否小于或等于右边的数值，比如运行代码 print(8<=9)，返回逻辑值 True；又比如运行代码 print(9<=8)，返回逻辑值 False。案例代码如下，代码在"Chapter-1-23.py"文件中。

```
1#  print(8<=9) #返回逻辑值 True
2#  print(9<=8) #返回逻辑值 False
```

1.11　赋值运算符

赋值运算符（=）表示将等号右侧的对象赋给等号左侧的变量。等号左、右两侧的关系，就类似于 1.7.7 节中描述的对象与变量的关系。

1.11.1　赋值运算

比如，n=100 表示变量 n 引用的对象是 100，m=99 表示变量 m 引用的对象是 99，代码 **print(n+m)** 表示将变量 n 引用的对象 100 与变量 m 引用的对象 99 相加，最后返回 199。案例代码如下，代码在"Chapter-1-24.py"文件中。

```
1#  n=100 #将100赋值给变量n
2#  m=99 #将99赋值给变量m
3#  print(n+m)  #返回变量n与变量m加相的结果
```

1.11.2　累积式赋值运算

累积式赋值运算是编程中的一项重要技术。为了让读者更容易地理解累积式赋值运算的运算过程，先看如下代码，代码在"Chapter-1-25.py"文件中。

```
1#  n=0        #变量n返回0
2#  n=n+1      #变量n返回1
3#  n=n+2      #变量n返回3
4#  n=n+3      #变量n返回6
5#  print(n) #在屏幕上输出变量n的值6
```

这段代码的运算过程如图 1-34 所示。

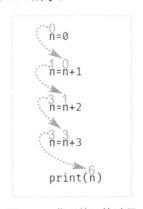

图 1-34　代码的运算过程

第 1 行：首先将 0 赋值给变量 n，此时 n 对应的值是 0。

第 2 行：将 n 对应的 0 加上 1，再将相加结果赋值给 n，最后 n 获取的值是 1。

第 3 行：将 n 对应的 1 加上 2，再将相加结果赋值给 n，最后 n 获取的值是 3。

第 4 行：将 n 对应的 3 加上 3，再将相加结果赋值给 n，最后 n 获取的值是 6。

第 5 行：使用 print 函数将变量 n 的值 6 输出到屏幕上。

累积式赋值运算除上面的代码写法外，还可以简化为如下代码：

```
1#  n=0      #变量 n 返回 0
2#  n+=1     #变量 n 返回 1
3#  n+=2     #变量 n 返回 3
4#  n+=3     #变量 n 返回 6
5#  print(n) #在屏幕上输出变量 n 的值 6
```

除上面累积相加的累积式赋值运算外，还可以使用其他运算符做累积式赋值运算，如表 1-1 所示。

表 1-1　累积式赋值运算

累积方式	写法 1	写法 2
加	n=n+100	n +=100
减	n=n-100	n -=100
乘	n=n*100	n *=100
除	n=n/100	n /=100
整除	n=n//100	n //=100
取模	n=n%100	n %=100
幂	n=n**100	n **=100

1.12　逻辑运算符

逻辑运算符一共有 3 个，分别是 and、or 和 not。

and：当 and 左右两边的条件都为真时，返回真（True）；否则，返回假（False）。

or：当 or 左右两边有一个条件为真时，返回真（True）；两个均为假，返回假（False）。

not：假的变成真的，真的变成假的，取反。

1.12.1　and（与）

当 and 运算符左右两边的条件都为真时，返回真（True）；当有一边的条件为假或两边的条件均为假时，返回假（False）。下面的代码列举了 and 运算符左右两边的所有可能性，代码在"Chapter-1-26.py"文件中。

```
1# print(True and True)       #左右两边均为 True，返回 True
2# print(100==100 and 10<11) #对应案例

3# print(True and False)      #左边为 True，右边为 False，返回 False
4# print(100==100 and 10>11) #对应案例

5# print(False and True)      #左边为 False，右边为 True，返回 False
6# print(100>100 and 10<11)  #对应案例

7# print(False and False)     #左右两边均为 False，返回 False
8# print(100>100 and 10>11)  #对应案例
```

1.12.2　or（或）

当 or 运算符左右两边任意一个条件为真时，返回真（True）；两个条件均为假，返回假（False）。下面的代码列举了 or 运算符左右两边的所有可能性，代码在"Chapter-1-27.py"文件中。

```
1# print(True or True)        #左右两边均为 True，则返回 True
2# print(100==100 or 10<11)   #对应案例

3# print(True or False)       #左边为 True，右边为 False，则返回 True
4# print(100==100 or 10>11)   #对应案例

5# print(False or True)       #左边为 False，右边为 True，则返回 True
6# print(100>100 or 10<11)    #对应案例

7# print(False or False)      #左右两边均为 False，则返回 False
8# print(100>100 or 10>11)    #对应案例
```

1.12.3　not（非）

如果对 True 取反，则返回 False；如果对 False 取反，则返回 True。下面的代码列举了 not 运算符的所有可能性，代码在"Chapter-1-28.py"文件中。

```
9# print(not True)         #如果对 True 取反，则返回 False
10#print(not 100==100)     #对应案例

11#print(not False)        #如果对 False 取反，则返回 True
```

```
12# print(not 100<99)        #对应案例
```

1.13　成员运算符

　　除前面几个小节中讲解的算术运算符、比较运算符、赋值运算符、逻辑运算符外，Python 还支持使用成员运算符。成员运算符用于测试字符串、列表等对象中是否包含指定的值。成员运算符用 in 表示，返回值是逻辑值。

　　如果在指定的对象中找到了指定的值，则返回 True；否则返回 False。也可以使用 not in 来测试对象中没有指定的值。下面的代码列出了 in 运算符的应用，代码在"Chapter-1-29.py"文件中。

```
1# print('曾贤志' in 'IT部曾贤志2000') #返回True
2# print('曾贤志' not in 'IT部曾贤志2000') #返回False
3#
4# print('曾志贤' in 'IT部曾贤志2000') #返回False
5# print('曾志贤' not in 'IT部曾贤志2000') #返回True
```

　　除可以在字符串中使用 in 运算符外，后面章节中将要学习的列表、集合、字典等对象也可以使用 in 运算符来做判断测试。

1.14　格式化字符串

　　在 Python 中，经常会对各种对象进行格式化处理。本节将使用 format 函数格式化指定的值，并将其插入字符串的占位符内。

1.14.1　使用位置和关键字格式化字符串

　　在使用 format 函数进行格式化时，使用花括号{}定义占位符，下面代码的返回值均为"恭喜曾贤志获得 100 分。"案例代码如下，代码在"Chapter-1-30.py"文件中。

```
1# #使用位置索引
2# print('恭喜{}获得{}分。'.format('曾贤志',100))#按默认顺序获取format中的数据
3# print('恭喜{0}获得{1}分。'.format('曾贤志',100))#按指定顺序获取format中的
   数据
4#
5# #使用关键字索引
```

```
6# print('恭喜{name}获得{score}分。'.format(name='曾贤志',score=100)) #按指定
名称获取 format 中的数据
```

第 2 行代码 print('恭喜{}获得{}分。'.format('曾贤志',100))，按默认顺序获取 format 函数中的数据。其中，第 1 个{}获取'曾贤志'，第 2 个{}获取 100。

第 3 行代码 print('恭喜{0}获得{1}分。'.format('曾贤志',100))，按指定顺序获取 format 函数中的数据。其中，第 1 个{0}获取'曾贤志'，第 2 个{1}获取 100。指定顺序可以由用户任意排列，比如 print('{1}分，由{0}获得。'.format('曾贤志',100))。

第 6 行代码 print('恭喜{name}获得{score}分。'.format(name='曾贤志',score=100))，按指定名称获取 format 函数中的数据。其中，{name}获取'曾贤志'，{score}获取 100。

1.14.2　数字格式设置

数字格式设置是常用设置，对数字格式化后返回的结果是字符串型数字。案例代码如下，代码在"Chapter-1-31.py"文件中。

```
1# print('{:.2f}'.format(3.1415926)) #返回 3.14
2# print('{:.2%}'.format(0.1415926)) #返回 14.16%
```

- ：表示要设置的值。
- .2 表示保留小数点后两位数。
- f 表示返回浮点数，也就是小数。
- %表示设置成百分比格式。

1.14.3　对齐设置

对齐设置是常用的格式化字符串的方式。案例代码如下，代码在"Chapter-1-32.py"文件中。

```
1# print('|{:<10}|'.format('曾贤志'))      #左对齐，不足用空格填充
2# print('|{:□<10}|'.format('曾贤志'))     #左对齐，不足用□填充
3# print('|{:>10}|'.format('曾贤志'))      #右对齐，不足用空格填充
4# print('|{:□>10}|'.format('曾贤志'))     #右对齐，不足用□填充
5# print('|{:^10}|'.format('曾贤志'))      #居中对齐，不足用空格填充
6# print('|{:□^10}|'.format('曾贤志'))     #居中对齐，不足用□填充
```

- <表示左对齐。

- >表示右对齐。
- ^表示居中对齐。

其中，第 1 行代码 print('|{:<10}|'.format('曾贤志'))，表示对 "曾贤志" 进行左对齐设置，字符串总长度为 10，如果不足 10 个字符，则默认用空格填充。

当然，也可以用指定字符填充。比如，第 2 行代码 print('|{:□<10}|'.format('曾贤志'))，表示如果字符不足，则用 "□" 来填充。其他行的对齐方式规则相同，不再赘述。

如图 1-35 所示是 "Chapter-1-32.py" 文件中对每行代码进行对齐格式化后的返回结果。

```
print('|{:<10}|'.format('曾贤志'))------>|曾贤志       |
print('|{:□<10}|'.format('曾贤志'))------>|曾贤志□□□□□□□|
print('|{:>10}|'.format('曾贤志'))------>|       曾贤志|
print('|{:□>10}|'.format('曾贤志'))------>|□□□□□□□曾贤志|
print('|{:^10}|'.format('曾贤志'))------>|    曾贤志    |
print('|{:□^10}|'.format('曾贤志'))------>|□□□曾贤志□□□□|
```

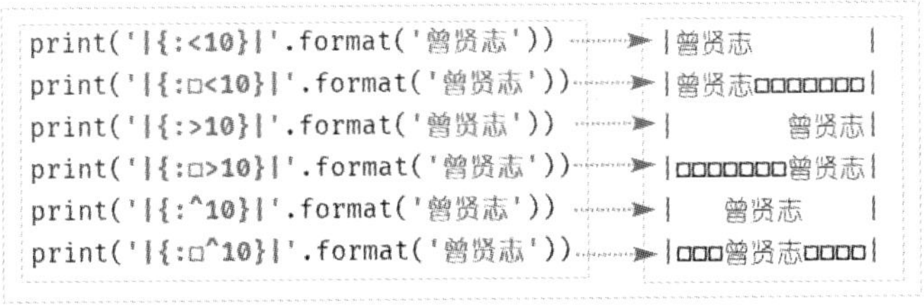

图 1-35　对齐格式化后的返回结果

1.15　断点调试

对于 Python 初学者来说，了解代码的运行过程有助于厘清代码的逻辑，也可以更高效地进行错误追踪和排错处理。在 PyCharm 中进行代码调试一般先设置断点，然后按快捷键完成操作，操作步骤如下。

第 1 步：将鼠标指针指向第 1 行代码的行号并单击，此时出现一个红点，这就是断点，表示代码运行到此处暂时停止，如图 1-36 所示。

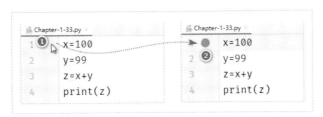

图 1-36　设置断点

第 2 步：在第 1 行代码上右击，在弹出的快捷菜单中选择要调试的文件【Debug 'Chapter-1-33'】，如图 1-37 所示，此时正式进入代码调试状态。

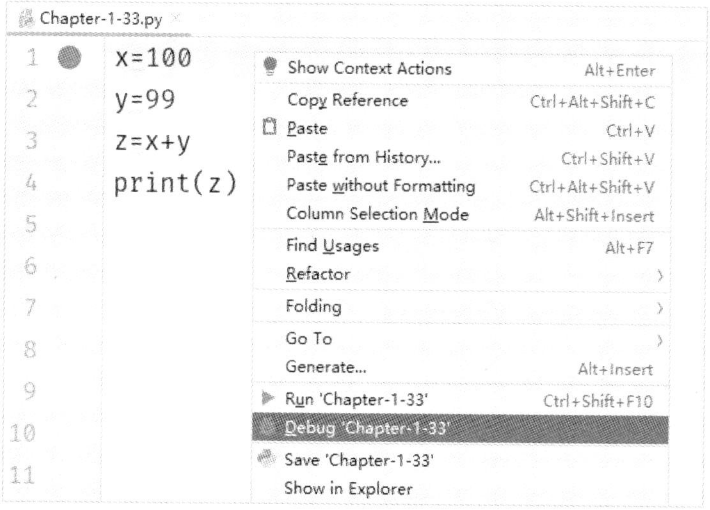

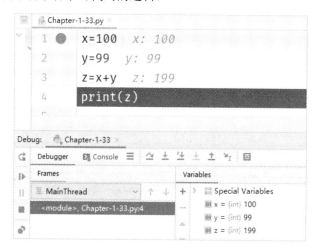

图 1-37　在弹出的快捷菜单中选择要调试的文件

第 3 步：使用指定的快捷键调试。这里使用单步运行代码的方式，即单步调试，可以使用快捷键 F7。按一次 F7 键，运行一行，可以看到每行代码中的变量值，如图 1-38 所示，界面下面的【Debugger】窗口中显示了更详细的信息。这种调试方式是比较初级的，有利于初学者学习代码的逻辑。

图 1-38　单步调试

第 2 章

Python 库——第三方库的安装与学习

本书主要讲解使用 Python 处理 Excel 文件，本章将介绍处理 Excel 文件的经典第三方库。xlrd 库可以读取和处理.xls、xlsx.类型的 Excel 文件，xlwt 库可以将数据写入.xls 类型的工作簿，而 xlutils 库可以将 xlrd 库和 xlwt 库的功能衔接起来。下面介绍这 3 个库的基本使用方法。

2.1　什么是模块、包、库

模块（Module）：模块是一个 Python 文件，扩展名为.py。在模块中能够组织 Python 代码段，把相关的代码放到一个模块里能让代码更好用、更易懂。在模块里能定义函数、类和变量，模块中也能包含可执行的代码。

包（Package）：包是模块之上的概念，为了方便管理.py 模块文件，可以进行打包。包其实就是文件夹，只不过该文件夹下有名称为__init__.py 的文件，否则就是普通的文件夹。包中可以有模块和子文件夹，假如子文件夹中也有__init__.py 文件，那么它就是这个包的子包。

库（Library）：在 Python 中，具有某些功能的模块和包都可以被称作库。

模块由诸多函数组成，包由诸多模块组成，库中可以包含模块、包和函数。Python 中的库分为标准库和第三方库。标准库就是安装 Python 时自带的库，可以直接使用。第三方库是由第三方机构发布的，使用前需要安装。

2.2　安装 Excel 读取库 xlrd

想用 Python 处理 Excel 数据，但是 Python 标准库中没有处理 Excel 文件的库，这时就需要安装第三方库。xlrd 就是处理 Excel 文件的第三方库。下面介绍如何在 PyCharm 中安装第三方库 xlrd。

第 1 步：在 PyCharm 窗口中，单击【File】菜单中的【Settings】命令，在弹出的【Settings】对话框中，单击【Project:PycharmProjects】中的【Project Interpreter】选项，然后单击右侧的 + 按钮，如图 2-1 所示。

需要注意以下两点：

- 【Project:PycharmProjects】选项中的【PycharmProjects】指创建项目时的文件夹名称；
- 需要留意 xlrd 库安装的位置是在哪个 Project Interpreter（项目解释器）中，用户可以在下拉列表中自行选择，当前安装在 "D:\Python" 中。

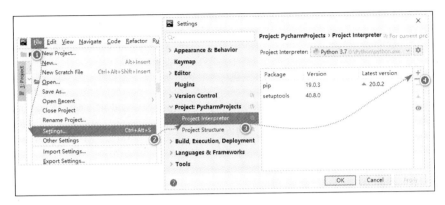

图 2-1 【Settings】对话框

第 2 步：在弹出的【Available Packages】对话框中，首先搜索关键字"xlrd"，然后在下面的搜索结果中选择【xlrd】选项，再单击【Install Package】按钮开始安装，如图 2-2 所示。如果安装成功，在【Install Package】按钮上方会提示"Package 'xlrd' installed successfully"。

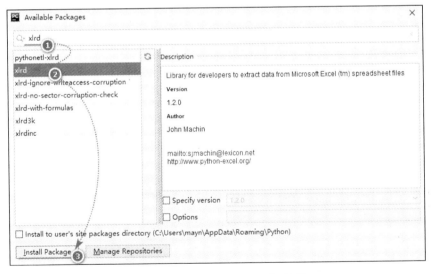

图 2-2 【Available Packages】对话框

第 3 步：安装成功后，返回【Settings】对话框，单击【OK】按钮即可，如图 2-3 所示。

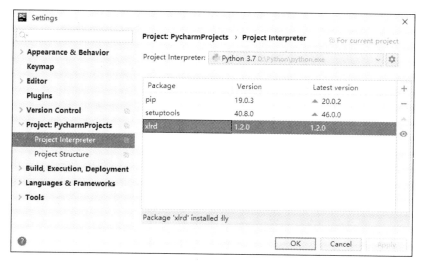

图 2-3　安装成功

2.3　xlrd 模块导入

安装好 xlrd 库后，要使用库中的功能，就需要导入 xlrd。可以使用 import 语句来完成导入。导入的方法有以下两种。

方法 1：

import　模块名 1 [as　别名 1], 模块名 2 [as　别名 2], …

使用这种语法格式的 import 语句，可以导入库中的所有成员（变量、函数、类等）。如果模块名称太长，也可以用"as　别名"的方式来重命名。

方法 2：

from　模块名　import　成员名 1 [as　别名 1]，成员名 2 [as　别名 2], …

使用这种语法格式的 import 语句，只导入库中指定的模块，而不是全部成员。

代码 **import xlrd** 将导入 xlrd 库的全部，这样就可以使用 xlrd 库中的所有功能了。而代码 **from xlrd import open_workbook as owk** 则导入 xlrd 库中的 open_workbook 函数，别名为 owk，后面再次使用 open_workbook 函数时，可以使用 owk 来代替它。案例代码如下，代码在"Chapter-2-1.py"文件中。

```
1# import xlrd #导入 xlrd
2# from xlrd import open_workbook as owk # 导入 xlrd 中的 open_workbook 函数
```

2.4　读取 Excel 工作簿、工作表信息

　　要使用 xlrd 库处理 Excel 文件，必须先学会读取工作簿，以及读取工作簿下的工作表。完成这些操作，才能继续后面的工作。

2.4.1　读取 Excel 工作簿

　　可以使用 open_workbook 函数读取指定的工作簿并赋值给变量，在指定工作簿名称时，可以使用相对路径，也可以使用绝对路径。读取 Excel 工作簿的代码如下，代码在"Chapter-2-2.py"文件中。

```
1# import xlrd #导入 xlrd
2# wb=xlrd.open_workbook(r'Chapter-2-2-1.xlsx')#读取工作簿对象
```

2.4.2　读取 Excel 工作表

　　读取工作簿后，可能还需要读取工作簿中的工作表，如图 2-4 所示。

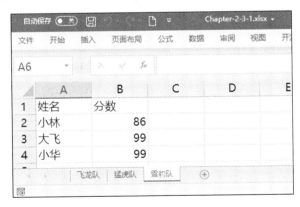

图 2-4　读取的工作表

　　读取 Excel 工作表的代码如下，代码在"Chapter-2-3.py"文件中。

```
1# import xlrd #导入 xlrd 库
2# wb=xlrd.open_workbook(r'Chapter-2-3-1.xlsx') #读取工作簿
3# all_ws1=wb.sheets() #读取工作簿中的所有工作表
```

```
4#  all_ws2=wb.sheet_names() #读取工作簿中的所有工作表的名称
5#  ws1=wb.sheet_by_index(0) #用索引值读取工作表-方法 1
6#  ws2=wb.sheets()[1] #用索引值读取工作表-方法 2
7#  ws3=wb.sheet_by_name('雪豹队') #用名称读取工作表-方法 3
8#  ws4=xlrd.open_workbook(r'Chapter-2-3-1.xlsx').sheet_by_name('飞龙队
    ')#直接通过工作簿读取工作表
```

第 3 行代码 all_ws1=wb.sheets()，表示读取工作簿中的所有工作表并赋值给 all_ws1 变量。工作表是存储在列表中的。all_ws1 变量中有 3 个工作表对象，即 [<xlrd.sheet.Sheet object at 0x000002C746400948>, <xlrd.sheet.Sheet object at 0x000002C746300288>, <xlrd.sheet.Sheet object at 0x000002C746406B08>]。

第 4 行代码 all_ws2=wb.sheet_names()，表示读取工作簿中的所有工作表名称并赋值给 all_ws2 变量。注意这里读取的是工作表名称，不是工作表对象。这些工作表名称也是用列表来存储的。all_ws2 变量中的值为 ['飞龙队', '猛虎队', '雪豹队']。

第 5 行代码 ws1=wb.sheet_by_index(0)，表示读取工作簿中第 0 个工作表并赋值给 ws1 变量。注意，索引值是从 0 开始的，此时读取的是"飞龙队"工作表。

第 6 行代码 ws2=wb.sheets()[1]，表示读取工作簿中的第 1 个工作表并赋值给变量 ws2，此种读取方式变量没有成员提示。注意，索引值是从 0 开始的，此时读取的是"猛虎队"工作表。

第 7 行代码 ws3=wb.sheet_by_name('雪豹队')，表示读取工作簿中名称为"雪豹队"的工作表并赋值给 ws3 变量。

第 8 行代码 ws4=xlrd.open_workbook(r'Chapter-2-3-1.xlsx').sheet_by_name('飞龙队')，表示直接通过工作簿来读取名称为"飞龙队"的工作表并赋值给 ws4 变量。

2.5　读取 Excel 行、列、单元格信息

学习了读取 Excel 工作簿、工作表后，接下来学习如何读取工作表中的行、列、单元格信息。如图 2-5 所示，读取"飞龙队"工作表中的相关信息。

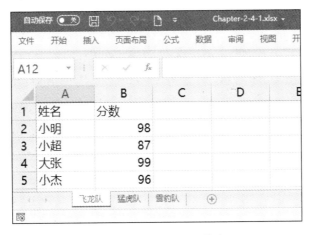

图 2-5   "飞龙队"工作表

读取"飞龙队"工作表中相关信息的代码如下，代码在"Chapter-2-4.py"文件中。

```
1# import xlrd #导入 xlrd 库
2# wb=xlrd.open_workbook(r'Chapter-2-4-1.xlsx') #读取工作簿
3# ws=wb.sheet_by_name('飞龙队') #读取工作表
4# row_count=ws.nrows #返回工作表中已使用的行数
5# col_count=ws.ncols #返回工作表中已使用的列数
6# row_obj=ws.row(1) #返回工作表中指定行已使用的单元格对象
7# row_val=ws.row_values(1) #返回工作表中指定行已使用的单元格的值
8# col_obj=ws.col(0) #返回工作表中指定列已使用的单元格对象
9# col_val=ws.col_values(0) #返回工作表中指定列已使用的单元格的值
10# cell_obj=ws.cell(3,1) #返回工作表中指定行、列的交叉单元格对象
11# cell_val=ws.cell_value(3,1) #返回工作表中指定行、列的交叉单元格的值
```

第 4 行代码 row_count=ws.nrows，表示读取"飞龙队"工作表中已使用的行数，row_count 变量返回值为 5。第 5 行代码 col_count=ws.ncols，表示读取"飞龙队"工作表中已使用的列数，col_count 变量返回值为 2。

第 6 行代码 row_obj=ws.row(1)，表示读取"飞龙队"工作表中第 2 行已使用的单元格对象，row_obj 变量返回的是列表，列表中包含 A2 和 B2 单元格对象。第 7 行代码 row_val=ws.row_values(1)，表示读取"飞龙队"工作表中第 2 行已使用的单元格的值，不包含其他信息，row_val 变量返回的也是列表，列表中包含 A2 和 B2 单元格的值{'小明',98}。

第 8 行和第 9 行代码 col_obj=ws.col(0)和 col_val=ws.col_values(0)用来读取"飞龙队"工作表中指定列已使用的单元格对象和值，与第 6 行和第 7 行代码中读取行的信

息是相同的，只是方向不同而已，这里不再赘述。

第 10 行和第 11 行代码 cell_obj=ws.cell(3,1)和 cell_val=ws.cell_value(3,1)用来读取"飞龙队"工作表中指定列和指定行交叉的单元格对象和单元格的值。

值得注意的是，无论是读取工作表、行、列，还是读取单元格的信息，如果以索引值方式读取，均是从 0 开始计算的。

2.6 安装 Excel 写入库 xlwt

前面介绍的 xlrd 库只能读取 Excel 文件中的数据，如果要往 Excel 文件中写入数据，xlrd 库则不具备这个功能，需要安装 xlwt 库。xlwt 库具有创建工作簿、工作表，以及将数据写入单元格的功能。

xlwt 库的安装方法与 2.2 节中 xlrd 库的安装方法相同，这里不再赘述，安装成功后的界面如图 2-6 所示。

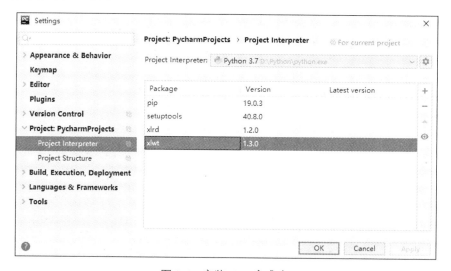

图 2-6 安装 xlwt 库成功

2.7　新建工作簿、新建工作表和将数据写入单元格

安装好 xlwt 库后，接下来通过代码实现新建工作簿、新建工作表，以及将数据写入单元格、保存工作簿等操作，完成后的效果如图 2-7 所示。

图 2-7　完成后的效果

本案例代码如下，代码在 "Chapter-2-5.py" 文件中。

```
1# import xlwt  #导入 xlwt 库
2# nwb=xlwt.Workbook('utf-8') #新建工作簿
3# nws=nwb.add_sheet('工资表') #在新建的工作簿中创建工作表
4# nws.write(0,0,'张三：9000 元') #在工作表的指定单元格中写入值
5# nwb.save('工资表.xls') #保存工作簿
```

第 1 行代码 **import xlwt**，表示导入 xlwt 库。

第 2 行代码 **nwb=xlwt.Workbook('utf-8')**，表示通过 Workbook 新建工作簿，然后将参数设置为 utf-8，否则可能会出现不兼容中文的情况，最后将新建的工作簿赋值给 nwb 变量。

第 3 行代码 **nws=nwb.add_sheet('工资表')**，表示在新建的工作簿中新建名称为"工资表"的工作表，并且将新建的工作表赋值给 nws 变量。

第 4 行代码 **nws.write(0,0,'张三：9000 元')**，表示在新建的工作表中的第 0 行第 0 列，也就是 A1 单元格中写入值"张三：9000 元"。

第 5 行代码 **nwb.save('工资表.xls')**，表示保存新建的工作簿，工作簿名称为"工资表.xls"。注意，xlwt 库暂时只支持保存为.xls 格式，不能保存为新版的.xlsx 格式。

2.8　安装 Excel 修改库 xlutils

　　xlrd 库只能用于读取已经存在的 Excel 工作簿、工作表、单元格等相关信息，而 xlwt 库只能新建工作簿、新建工作表、将数据写入单元格等，没有办法对现有的工作簿进行修改。要实现修改功能，就需要安装 xlutils 库，相当于在 xlrd 库和 xlwt 库之间建立起一座桥梁。但要注意，使用 xlutils 库一定要先安装 xlrd 库和 xlwt 库，否则安装 xlutils 库没有意义。

　　xlutils 库的安装方法与 2.2 节中 xlrd 库的安装方法相同，这里不再赘述，安装成功后的界面如图 2-8 所示。

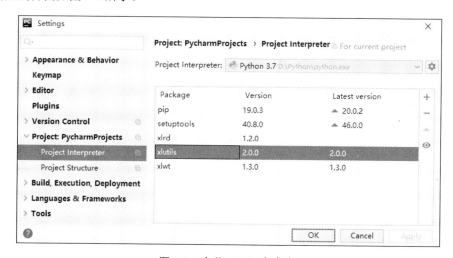

图 2-8　安装 xlutils 库成功

2.9　修改工作簿、工作表、单元格

　　安装好 xlutils 库之后，接下来修改已经存在的 "Chapter-2-6-1.xls" 工作簿，代码如下，代码在 "Chapter-2-5.py" 文件中。

```
1# import xlrd #导入 xlrd 库
2# from xlutils.copy import copy #导入 xlutils 库 copy 模块下的 copy 函数
3# wb=xlrd.open_workbook('Chapter-2-6-1.xls') #读取工作簿
4# nwb=copy(wb) #复制工作簿
5# ws1=nwb.get_sheet(0) #用索引号读取工作簿中的工作表
```

```
6#  ws2=nwb.get_sheet('工资表') #用名称读取工作簿中的工作表
7#  ws3=nwb.add_sheet('汇总表') #在工作簿中新建工作表
8#  ws3.write(0,0,'总计') #将数据写入单元格
9#  ws3.write(0,1,12000) #将数据写入单元格
10# nwb.save('Chapter-2-6-1.xls') #保存工作簿
```

第 2 行代码 from xlutils.copy import copy，表示导入 xlutils 库 copy 模块下的 copy 函数，因为暂时只用到 copy 函数，所以不用导入整个 xlutils 库。这种写法在表示上也更简捷。如果导入整个 xlutils 库，那么在使用 copy 函数时的表示方法为 xlutils.copy.copy，而现在直接写 copy 就可以了。

第 3 行代码 wb=xlrd.open_workbook('Chapter-2-6-1.xls')，表示读取 "Chapter-2-6-1.xls" 工作簿对象并赋值给 wb 变量。

第 4 行代码 nwb=copy(wb)，表示使用 copy 函数复制第 3 行代码读取的 wb 工作簿并赋值给 nwb 变量。此时，nwb 工作簿与 wb 工作簿相同，因为 nwb 工作簿是由 wb 工作簿复制而来的。请注意，由于使用了 xlutils 库中的 copy 函数，所以此时控制权已交给 xlwt，也就是可以对 nwb 工作簿执行 xlwt 库中的写入操作。虽然没有使用 improt xlwt 方式导入，但 xlwt 库必须存在，否则代码运行会出错。

第 5 行和第 6 行代码 ws1=nwb.get_sheet(0) 和 nwb.get_sheet('工资表')，分别通过索引值和名称两种方法读取工作簿中已存在的工作表并赋值给对应的变量，此时也可以对工作表中的单元格对象进行写入操作。

第 7 行代码 ws3=nwb.add_sheet('汇总表')，表示在读取到的现有工作簿中新建工作表并赋值给 ws3 变量。注意，如果再次运行此行代码，会有出错提示，因为工作表名已存在，同一个工作簿中不允许有两个工作表名称相同。

第 8 行和第 9 行代码 ws3.write(0,0,'总计') 和 ws3.write(0,1,12000)，表示在新建的 "汇总表" 工作表中写入数据，分别在第 0 行第 0 列的单元格中写入 "总计" 和在第 0 行第 1 列的单元格中写入 12000，实际上就是在 A1 单元格和 B1 单元格中写入数据。

第 10 行代码 nwb.save('Chapter-2-6-1.xls')，表示保存复制的工作簿，如果保存的名称与读取时的名称相同，则替换原来的工作簿，并且保证工作簿文件处于关闭状态。也可以在保存时设置不同的名称，相当于另存工作簿。

第 5~10 行代码中的 get_sheet、add_sheet、write、save 都是 xlwt 库中的方法。

第 3 章

Python 流程控制——循环语句与分支语句

循环语句是所有编程语言中必不可少的，也是重要的技术点。可以说，没有循环，数据处理就谈不上批量化、自动化。Python 中的循环语句分为 for 循环和 while 循环两种类型。

在做判断处理时，分支语句不可或缺，它可以根据表达式返回的逻辑值决定数据的不同处理方式。分支语句通常与比较运算、逻辑运算、成员运算这些能返回逻辑值的表达式结合应用。Python 中的分支语句使用的是 if 条件分支语句。

3.1　for 循环语句

Python 中的 for 循环语句可以遍历任何序列项目，比如字符串、列表、元组、集合等。for 循环语句的语法结构如图 3-1 所示。

图 3-1　for 循环语句的语法结构

for 是关键字，固定写法，不能有任何变化。

item 是元素，相当于变量名称，用户可自行命名，用于接收从 iterable 中循环出来的元素。

in 是关键字，固定写法，不能有任何变化。

iterable 是迭代器，类似于一个容器，表达形式由用户自行定义，从该迭代器中读取出的数据将传给 item 变量。

":"也是关键字，可以理解为到此为止，后面不能再加任何代码，也是换行的标志。

do something 是 for 循环的处理语句，具体如何处理、代码如何编写等要根据特定的需求而定。处理语句必须做缩进处理，不能与上面的 for 语句对齐。在 PyCharm 中不用手工缩进，在 ":"（冒号）后按 Enter 键，会自动做缩进处理。

3.1.1　循环字符串

for 循环语句可以循环一切可迭代的对象，比如列表、元组、集合、字典等，在后续的章节中将陆续讲解。本节介绍字符串的循环，比如将字符串 Python 中的每个字符读取出来并打印到屏幕上。代码如下所示，代码在 "Chapter-3-1.py" 文件中，最后完成的效果如图 3-2 所示。

```
1#  for str in 'Python':  #读取字符串 Python 中的每个字符并赋值给变量 str
2#      print(str) #在屏幕上输出 str 变量的值
```

第 1 行代码 **for str in 'Python'**，表示将 Python 中的每个字符逐个赋值给 str 变量。

第 2 行代码 **print(str)**，表示将 str 变量中的值输出到屏幕上。因为字符串 Python 中有 5 个字符，所以此行代码会循环执行 5 次。

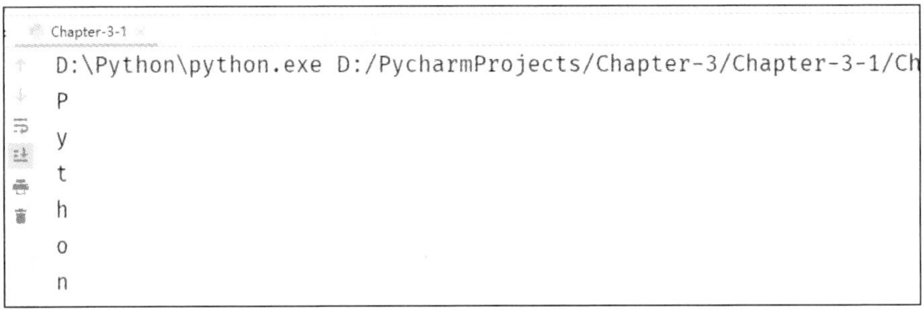

图 3-2　循环读取字符串中的字符并输出

3.1.2　循环序列数

循环序列数是常见的一种循环方式，下面介绍循环指定范围内的序列数。要指定序列数的范围，可以使用 Python 中的 range 函数。

函数语法：

range(start, stop[, step])

参数说明：

start: 表示起始值，默认从 0 开始。例如，range(5)等价于 range(0,5)。

stop: 表示终止值，但不包括终止值。例如，range(0, 5)的返回值是 0、1、2、3、4，不包括 5。

step：步长，默认为 1。例如，range(0,5)等价于 range(0,5,1)，返回值是 0、1、2、3、4。如果是 range(0,5,2)，则返回值是 0、2、4。

例如，循环 111~114 中的每个数字，最后完成的效果如图 3-3 所示。案例代码如下所示，代码在 "Chapter-3-2.py" 文件中。

```
1#  for num in range(111,115,1):  #循环指定范围内的数字
2#      print(num)  #输出指定范围内的每个数字
```

第 1 行代码 for num in range(111,115,1)，指定要循环的数字范围是 111~115，其中不包括数字 115，步长值为 1，在这里可以忽略不写。

第 2 行代码 print(num)，使用 print 函数将 num 变量获取的值输出到屏幕上。

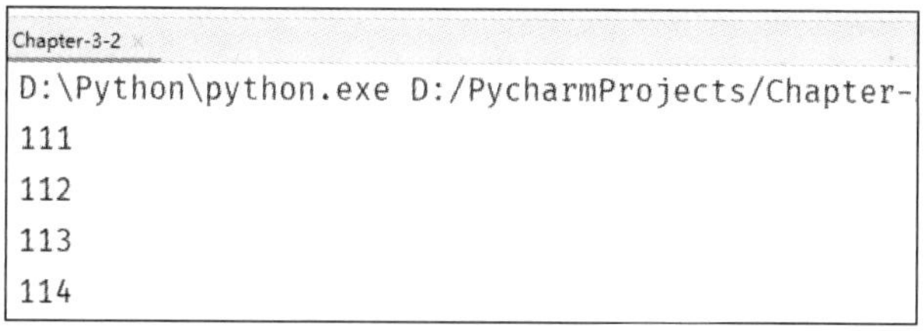

```
Chapter-3-2
D:\Python\python.exe D:/PycharmProjects/Chapter-
111
112
113
114
```

图 3-3　循环打印序列数

3.1.3　for 循环语句应用案例：批量新建工作簿

学习本书的目的是使用 Python 来操作 Excel 文件，但到目前为止，还没有批量处理过任何 Excel 文件，原因是在这之前没有学习循环语句。接下来，我们使用刚刚学过的 for 循环语句来小试牛刀。

批量新建 1~12 月的工作簿，完成后的效果如图 3-4 所示。

名称	修改日期	类型	大小
1月份.xls	2020/3/17 13:36	Microsoft Excel ...	6 KB
2月份.xls	2020/3/17 13:36	Microsoft Excel ...	6 KB
3月份.xls	2020/3/17 13:36	Microsoft Excel ...	6 KB
4月份.xls	2020/3/17 13:36	Microsoft Excel ...	6 KB
5月份.xls	2020/3/17 13:36	Microsoft Excel ...	6 KB
6月份.xls	2020/3/17 13:36	Microsoft Excel ...	6 KB
7月份.xls	2020/3/17 13:36	Microsoft Excel ...	6 KB
8月份.xls	2020/3/17 13:36	Microsoft Excel ...	6 KB
9月份.xls	2020/3/17 13:36	Microsoft Excel ...	6 KB
10月份.xls	2020/3/17 13:36	Microsoft Excel ...	6 KB
11月份.xls	2020/3/17 13:36	Microsoft Excel ...	6 KB
12月份.xls	2020/3/17 13:36	Microsoft Excel ...	6 KB
Chapter-3-3.py	2020/3/17 13:15	Python File	1 KB

图 3-4　批量新建 1~12 月的工作簿

案例代码如下所示，代码在"Chapter-3-3.py"文件中。

```
1#  import xlwt #导入 xlwt 库
2#  for month_num in range(1,13): #循环数字 1~13
3#      month_name = '{}月份.xls'.format(month_num) #格式化数字为工作簿名
4#      nwb=xlwt.Workbook('utf-8') #新建工作簿
5#      nwb.add_sheet(month_name) #在工作簿中新建工作表
6#      nwb.save(month_name) #保存工作簿
```

第 1 行代码 import xlwt，导入需要用到的 xlwt 库。

第 2 行代码 for month_num in range(1,13)，表示循环数字 1~13 并赋值给 month_num 变量，因为不包括 13，所以刚好是 12 个数字。

第 3 行代码 month_name = '{}月份.xls'.format(month_num)，将循环得到的数字格式化为工作簿名称并赋值给 month_name 变量，便于后面保存工作簿时使用。

第 4 行代码 nwb=xlwt.Workbook('utf-8')，新建工作簿并赋值给 nwb 变量。

第 5 行代码 nwb.add_sheet(month_name)，新建工作表，因为用第 4 行代码新建的工作簿中没有工作表，如果新建的工作簿中一个工作表都没有，在保存工作簿时就会提示错误，所以第 5 行代码的作用是保证工作簿能被正常保存，工作表的名称借用了工作簿的名称，当然也可以命名为其他名称。

第 6 行代码 nwb.save(month_name)，保存工作簿，保存的文件名使用第 3 行代码中 month_name 变量的值。

> 注意，第 3~6 行代码都是 for 循环体中的语句，并且做了缩进设置，这 4 行代码要重复执行 12 次，最后会生成 12 个工作簿。

3.1.4　for 嵌套循环语句

for 循环语句在某些时候需要进行多层嵌套。下面以打印乘法表为例，来讲解 for 循环语句的嵌套用法，最后完成的效果如图 3-5 所示。

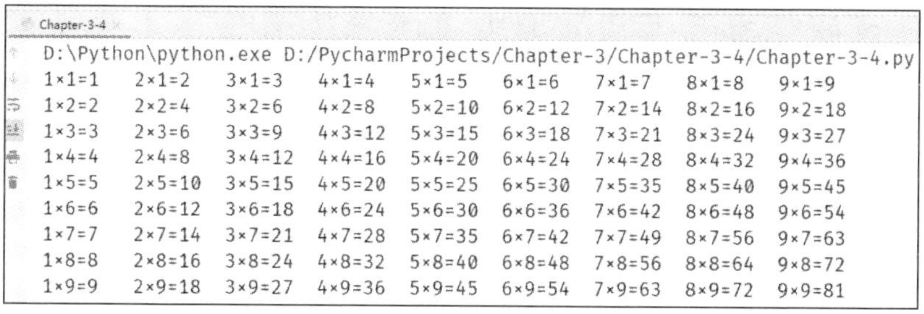

图 3-5　for 嵌套循环的效果

案例代码如下所示，代码在"Chapter-3-4.py"文件中。

```
1#  for x in range(1,10): #循环数字 1~9
2#      for y in range(1,10): #循环数字 1~9
3#          txt='{0}×{1}={2}'.format(y,x,x*y) #格式化乘法表
4#          print(txt,end='\t') #在屏幕上输出
5#      print() #在屏幕上做换行设置
```

第 1 行代码 **for x in range(1,10):**，表示循环数字 1~9 并赋值给 x 变量，这是外层 for 循环。

第 2 行代码 **for y in range(1,10):**，表示循环数字 1~9 并赋值给 y 变量，这是内层 for 循环。注意此循环是嵌套在外层循环中的，也就是说，外层 for 循环执行 1 次，内层 for 循环要执行 9 次。外层 for 循环总共需要执行 9 次，内层 for 循环要执行 81 次。属于内层 for 循环的第 3 行代码和第 4 行代码要执行 81 次。

第 3 行代码 **txt='{0}×{1}={2}'.format(y,x,x*y)**，使用 format 函数格式化两个乘数 x 和 y，以及乘积结果 x*y，然后赋值给 txt 变量。

第 4 行代码 **print(txt,end='\t')**，使用 print 函数将 txt 变量中的值输出到屏幕，**end='\t'** 表示以制表符结束，如果不特别指定，则默认以回车符结束。

第 5 行代码 **print()**，此行代码是与内层 for 循环语句同级的，属于外层 for 循环下的语句，它会执行 9 次，而不是执行 81 次。这行代码在每次内层 for 循环完成后，加一个回车符以起到换行的作用。前面说过 print 函数默认以回车符结束，所以没在 print 函数中做任何改动。

3.1.5 for 嵌套循环语句应用案例：制作九九乘法表

本节对 3.1.4 节中的乘法表进一步做优化，制作成标准的九九乘法表，并且写入 Excel 文件，效果如图 3-6 所示。

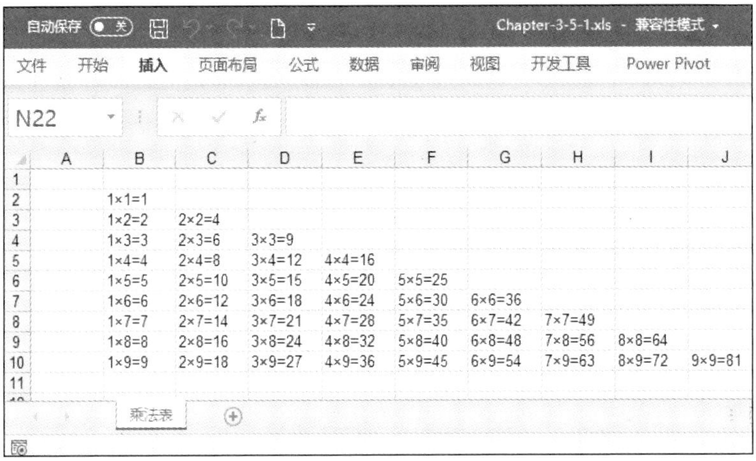

	A	B	C	D	E	F	G	H	I	J
1										
2		1×1=1								
3		1×2=2	2×2=4							
4		1×3=3	2×3=6	3×3=9						
5		1×4=4	2×4=8	3×4=12	4×4=16					
6		1×5=5	2×5=10	3×5=15	4×5=20	5×5=25				
7		1×6=6	2×6=12	3×6=18	4×6=24	5×6=30	6×6=36			
8		1×7=7	2×7=14	3×7=21	4×7=28	5×7=35	6×7=42	7×7=49		
9		1×8=8	2×8=16	3×8=24	4×8=32	5×8=40	6×8=48	7×8=56	8×8=64	
10		1×9=9	2×9=18	3×9=27	4×9=36	5×9=45	6×9=54	7×9=63	8×9=72	9×9=81
11										

图 3-6　九九乘法表效果

下面看看制作九九乘法表对应的 Python 代码，代码如下所示，代码在“Chapter-3-5.py”文件中。

```
1#  import xlwt #导入 xlwt 库
2#  nwb=xlwt.Workbook('utf-8') #新建工作簿
3#  nws=nwb.add_sheet('乘法表') #新建工作表
4#  for x in range(1,10): #循环数字 1~9
5#      for y in range(1,x+1): #循环数字 1~x+1
6#          txt='{0}×{1}={2}'.format(y,x,x*y) #格式化乘法公式
7#          nws.write(x,y,txt) #将乘法公式写入单元格
8#  nwb.save('Chapter-3-5-1.xlsx') #保存工作簿
```

第 1 行代码 import xlwt，导入需要用到的 xlwt 库。

第 2 行代码和第 3 行代码 nwb=xlwt.Workbook('utf-8')和 nws=nwb.add_sheet('乘法表')，分别新建工作簿和在工作簿中新建工作表。

第 4 行代码 for x in range(1,10):，这是外层 for 循环，循环数字 1~9，然后将循环出来的数字赋值给 x 变量。

第 5 行代码 for y in range(1,x+1):，这是内层 for 循环，其中 x+1 表示终止循环的

数字。如果外层 for 循环执行 1 次，则内层 for 循环为 range(1,1+1)次，即只能循环 1 次；如果外层 for 循环执行 2 次，则内层 for 循环为 range(1,2+1)，即内层循环只能循环 2 次，以此类推。

第 6 行代码 txt='{0}×{1}={2}'.format(y,x,x*y)，格式化循环出来的数字，组成乘法公式并赋值给 txt 变量。

第 7 行代码 nws.write(x,y,txt)，将第 6 行代码中 txt 变量的值写入工作表中对应的单元格。

第 8 行代码 nwb.save('Chapter-3-5-1.xlsx')，完成乘法表的写入后进行保存。注意，此行代码与外层 for 循环语句是同级的，因此该行代码只执行 1 次。如果将其放在外层 for 循环体中，就会执行 9 次；如果将其放在内层 for 循环体中，就会执行 45 次。虽然不影响结果，但更耗资源。

3.2　while 循环语句

while 循环语句的语法结构如图 3-7 所示。使用 while 循环语句，当 while 后面的条件表达式 condition 为真（True）时，执行 while 循环体内的 do something 语句；当条件表达式 condition 为假（False）时，退出循环。

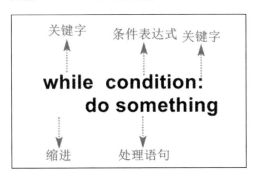

图 3-7　while 循环语句的语法结构

- while 是关键字，固定写法，不能有任何变化。
- conditiont 是条件表达式，需要返回一个逻辑值 True 或 False。
- "：" 是关键字，可以理解为到此为止，后面不能再加任何代码，也是换行的标志。

- do something 是 while 循环的处理语句，具体如何处理、代码如何编写要根据
  特定的需求而定。这些处理语句都必须做缩进处理，不能与 while 关键字对齐。
  在 PyCharm 中不需要手工缩进，在 "："（冒号）后按 Enter 键，会自动做缩进
  处理。

3.2.1　循环序列数

要使用 print 函数在屏幕上循环输出数字 101~104，可以使用 for 循环语句结合
range(101,105)函数来完成。本节使用 while 循环语句一样可以完成，最后完成的效果
如图 3-8 所示。

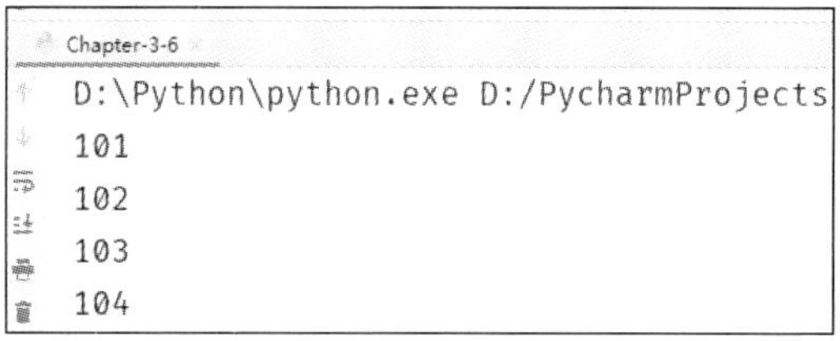

图 3-8　循环序列数效果

案例代码如下所示，代码在 "Chapter-3-6.py" 文件中。

```
1#  num=100 #初始化 num 变量，其值为 100
2#  while num<104: #当 num 小于 104 时循环
3#     num +=1 #每次对变量累加 1
4#     print(num) #在屏幕上输出 num 变量的值
```

第 1 行代码 num=100，初始化 num 变量，其值为 100，用于在 while 循环体中做
累加赋值运算。

第 2 行代码 while num<104:，判断 num<104 是否成立，如果条件成立，则执行循
环体中的语句。

第 3 行代码 num +=1，对 num 变量每次加 1，然后赋值给 num 变量。由于此行代
码是在循环体内的，所以 whiel 循环体循环多少次就累加赋值多少次。

第 4 行代码 print(num)，在屏幕上输出 num 变量的值，该行代码是在循环体内的，
所以打印输出多少次取决于该循环体循环多少次。

3.2.2　循环字符串

要使用 print 函数将字符串'Python'中的每个字符逐个输出到屏幕上，除使用之前学习过的 for 循环语句外，还可以使用 while 循环语句，最后完成的效果如图 3-9 所示。

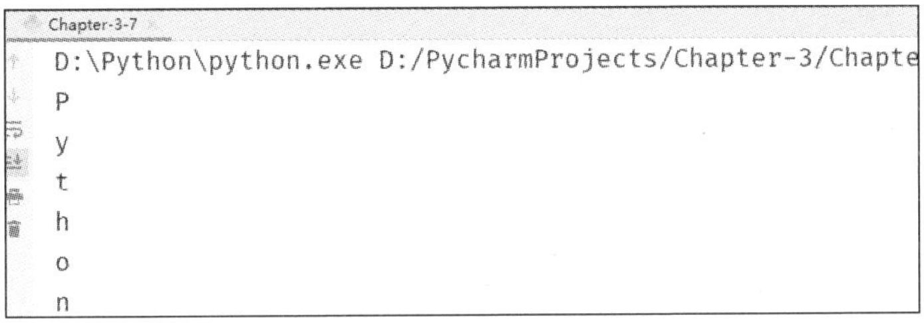

图 3-9　循环字符串效果

案例代码如下所示，代码在"Chapter-3-7.py"文件中，

```
1#  txt='Python' #要被循环的字符串
2#  num=0 #初始化 num 变量
3#  while num<len(txt): #当 num 变量的值小于 txt 的字符个数时开始循环
4#      print(txt[num]) #输出提取的每个字符
5#      num +=1 #对 num 变量进行累加
```

第 1 行代码 txt='Python'，将字符串'Python'赋值给 txt 变量。

第 2 行代码 num=0，初始化 num 变量，其值为 0。

第 3 行代码 while num<len(txt):，如果 num 变量的值小于 txt 变量的字符个数，则执行循环体中的语句。因为 txt 变量对应的字符串是 'Python' ，所以 len(txt)的计数结果为 6，实际上是判断 num 变量是否小于 6。

第 4 行代码 print(txt[num])，提取字符串中指定位置的字符。实际上 txt[num] 是字符串的切片表达方式，在第 4 章会详细讲解。

第 5 行代码 num +=1，对 num 变量累加赋值，每运行一次这行代码就累加 1。

3.2.3　while 循环语句应用案例：批量新建工作表

本案例使用 while 循环语句新建 2010—2019 年的业绩表，完成后的效果如图 3-10 所示。

图 3-10　2010—2019 年的业绩表工作表

本案例代码如下所示，代码在"Chapter-3-8.py"文件中。

```
1#  import xlwt #导入 xlwt 库
2#  wb=xlwt.Workbook('utf-8') #新建工作簿
3#  year_num=2010 #初始化 year_num 变量，其值为 2010
4#  while year_num<2020: #如果 year_num 变量的值小于 2020，则执行 while 循环体的语
    句
5#      txt='{}年业绩表'.format(year_num) #将 year_num 变量格式化为工作表名称
6#      wb.add_sheet(txt) #新建工作表
7#      year_num +=1 #累加 year_num 变量
8#  wb.save('Chapter-3-8-1.xls') #保存工作簿
```

第 1 行代码 import xlwt，导入需要用到的 xlwt 库。

第 2 行代码 wb=xlwt.Workbook('utf-8')，新建一个工作簿并赋值给 wb 变量，此工作簿在循环新建工作表时使用。

第 3 行代码 year_num=2010，初始化 year_num 变量，其值为 2010，可以将此值看作年份。

第 4 行代码 while year_num<2020:，如果 year_num 变量的值小于 2020，则执行 while 循环体的语句。year_num 变量从 2010 累加到 2019，条件都成立。

第 5~7 行代码都属于 while 循环体中的语句。第 5 行代码 txt='{}年业绩表'.format(year_num)，是将 year_num 变量格式化为工作表名称。第 6 行代码 wb.add_sheet(txt)，用来新建工作表，并将 txt 变量的值作为新建的工作表名称。第 7 行代码 year_num +=1，对 year_num 变量进行累加，每次加 1。

第 8 行代码 wb.save('Chapter-3-8-1.xls')，当 while 循环结束后，执行工作簿的保存操作。注意，不要将此行代码放在 while 循环体中，否则循环一次就保存一次。

3.2.4　while 嵌套循环语句

使用 for 嵌套循环语句可以制作乘法表，使用 while 嵌套循环语句也可以实现乘法表，最后完成的效果如图 3-11 所示。

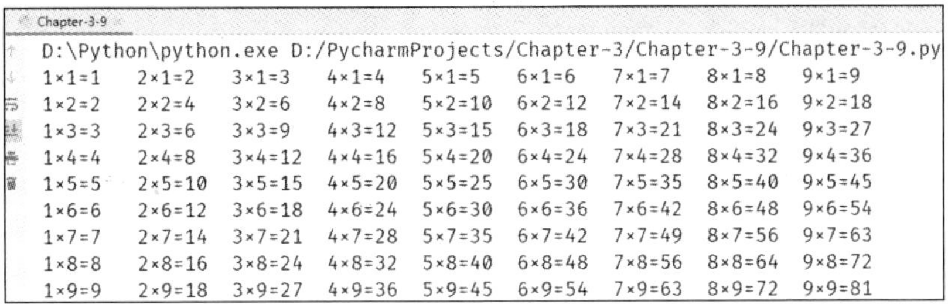

图 3-11　使用 while 嵌套循环语句制作乘法表

本案例代码如下所示，代码在 "Chapter-3-9.py" 文件中。

```
1#  x,y=0,0 #初始化变量 x 和 y，分别设置为 0
2#  while x<9: #如果 x 变量的值小于 9，则执行循环
3#      x +=1 #累加 x 变量
4#      while y<9: #如果 y 变量的值小于 9，则执行循环
5#          y +=1 #累加 y 变量
6#          txt='{}×{}={}'.format(y,x,x*y)  #将 x、y、x*y 三个值格式化式为乘法公式
7#          print(txt,end='\t') #在屏幕上输出乘法公式
8#      print() #在屏幕输出回车符用作换行
9#      y=0 #初始化 y 变量
```

第 1 行代码 x,y=0,0，分别初始化 x 变量和 y 变量，并且初始化的值均为 0，实际上是 x=0 和 y=0 的简化写法。

第 2 行代码 while x<9:，如果 x 变量的值小于 9，则执行循环。

第 3 行代码 x +=1，对 x 变量累加 1。

第 4 行代码 while y<9:，如果 y 变量小于 9，则执行循环。

第 5 行代码 y +=1，对 y 变量累加 1。

第 6 行代码 txt='{}×{}={}'.format(y,x,x*y)，x 和 y 为两个乘数，x*y 为乘积，将这 3 个数字格式化为乘法公式并赋值给 txt 变量。

第 7 行代码 print(txt,end='\t')，将 txt 变量的值在屏幕上输出，然后在后面添加制

表符。

第 8 行代码 print()，跳出内层 while 循环体，在外层 while 循环体中输出回车符。

第 9 行代码 y=0，在外层 while 循环体中将 y 变量的值重新设置为 0，这样每次执行内层 while 循环语句时，y 变量的值都是从 0 开始的。

3.2.5　while 嵌套循环语句应用案例：批量新建工作簿、工作表

本案例新建 2015—2019 年的工作簿文件，在每个工作簿中分别新建 1~12 月的工作表。本案例使用 while 嵌套循环语句完成，最后的效果如图 3-12 所示。

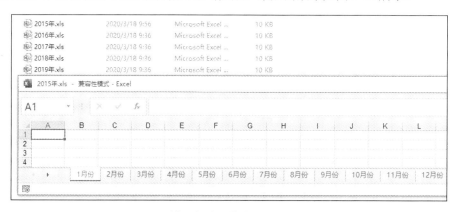

图 3-12　批量新建工作簿、工作表的效果

本案例代码如下所示，代码在 "Chapter-3-10.py" 文件中。

```
1#  import xlwt #导入 xlwt 库
2#  year_num=2015 #初始化 year_num 变量，其值为年份数
3#  while year_num<=2019: #如果 year_num 变量的值小于或等于 2019，则执行循环
4#      year_name='{}年.xls'.format(year_num) #格式化年份数字为工作簿名
5#      nwb=xlwt.Workbook('utf-8') #新建工作簿
6#      year_num +=1 #对 year_num 变量累加 1
7#      month_num=1 #初始化 month_num 变量，其值为月份数字 1
8#      while month_num<=12: #如果 month_num 变量的值小于或等于 12，则执行循环
9#          month_name='{}月份'.format(month_num) #格式化月份数字为工作表名
10#         nws=nwb.add_sheet(month_name) #新建工作表
11#         month_num +=1 #对 month_num 变量累加 1
12#     nwb.save(year_name) #保存工作簿
```

第 1 行代码不再赘述。

第 2 行代码初始化 year_num 变量，其值为年份数。

第 3 行代码判断什么时候可以执行循环。

第 4~12 行代码都属于外层 while 循环语句的循环体。循环体中新建了工作簿（第 4、5 行代码）、累加了年份数变量（第 6 行代码）、初始化月份数（第 7 行代码）、新建工作表（第 8~11 行代码）、保存工作簿（第 12 行代码）。

3.3 if 条件语句

if 条件语句的语法结构如图 3-13 所示。if 条件语句根据条件测试的结果决定是否执行指定处理语句。如果条件测试的结果返回 True，则执行处理语句；反之，则不执行处理语句。

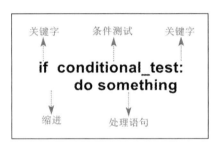

图 3-13 if 条件语句的语法结构

- if 是关键字，固定写法，不能有任何变化。
- conditional_test 是条件测试表达式，返回的结果是逻辑值（True 或 False）。
- ":" 是关键字，固定写法，不能有任何变化。
- do something 是条件测试表达式返回的值为 True 时执行的处理语句。

3.3.1 if 条件语句标准用法

if 语句标准用法的案例代码如下所示，代码在 "Chapter-3-11.py" 文件中。注意看条件成立与否的运算逻辑。

```
1#  if 100>=90: #条件成立
2#     print('优秀') #执行处理语句
3#  if 80>=90: #条件不成立
4#     print('优秀') #不执行处理语句
```

第 1 行代码 **if 100>=90:**，判断 100 是否大于或等于 90，当前条件成立。

第 2 行代码 **print('优秀')**，由于第 1 行代码条件测试的结果是成立的，所以执行该行代码，在屏幕上输出"优秀"。

再看条件不成立的运算逻辑。

第 3 行代码 **if 80>=90:**，判断 80 是否大于或等于 90，当前条件不成立。

第 4 行代码 **print('优秀')**，由于第 3 行代码测试的结果是不成立的，所以不执行该行代码。

3.3.2　if 条件语句应用案例：根据分数判断等级

如果"成绩表"工作表中 B 列的分数大于或等于 90，则在屏幕上输出"优秀"，如图 3-14 所示。

图 3-14　根据分数判断等级案例

本案例代码如下所示，代码在"Chapter-3-12.py"文件中。

```
1# import xlrd #导入 xlrd 库
2# wb=xlrd.open_workbook('Chapter-3-12-1.xlsx') #读取工作簿
3# ws=wb.sheet_by_name('成绩表') #读取工作表
4# col_vals=ws.col_values(1) #获取工作表指定列已用单元格区域的值
5# for score in col_vals: #循环列区域的每个值
6#     if type(score)==float and score>=90: #判断条件表达式是否成立
7#         print(score,'优秀') #条件成立，则执行该语句
```

第 1~4 行代码为数据的读取做准备工作，将工作表中分数列的所有数据读取到 col_vals 变量中。

第 5 行代码 for score in col_vals:，将 col_vals 变量中的每个分数循环读取给 score
变量。

第 6 行代码 if type(score)==float and score>=90:，在 for 循环体中，首先判断 score
变量中的分数是否是 float 类型。为什么要做类型判断？在图 3-14 中可以看到，B 列
的第 1 个值"分数"是汉字，并不是数字，因此要做类型判断，是数字类型并且分数
大于或等于 90，才能执行 print(score,'优秀')语句。

第 7 行代码 print(score,'优秀')，如果第 6 行的条件成立，则执行该行代码。

3.4   if 条件分支语句

在 3.3 节中讲解了 if 语句条件成立时的处理方法，如果条件不成立该如何处理呢？
可以使用 if 条件分支语句。使用 if 条件分支语句可以处理条件成立和条件不成立两种
情况，其语法结构如图 3-15 所示。

图 3-15   if 条件分支语句的语法结构

- if 是关键字，固定写法，不能有任何变化。
- conditional_test 是条件测试表达式，返回的结果是逻辑值（True 或 False）。
- ":" 是关键字，固定写法，不能有任何变化。
- do something1 是条件测试表达式返回值为 True 时执行的处理语句。
- else 是关键字，固定写法，不能有任何变化。注意，书写 else 关键字时要与 if
  关键字对齐，相对 if 关键字，else 是没有缩进的。

do something2 是条件测试表达式返回值为 False 时执行的处理语句。

3.4.1　if 条件分支语句标准用法

　　学习了 if 条件分支语句的语法后，下面看一个简单的案例。案例代码如下所示，代码在 "Chapter-3-13.py" 文件中。

```
1#  if 100>=90:#条件判断
2#     print('优秀')#条件成立执行的语句
3#  else:#否则
4#     print('普通') #条件不成立执行的语句
5#  if 80>=90:#条件判断
6#     print('优秀') #执行处理语句
7#  else: #否则
8#     print('普通')#条件不成立执行的语句
```

　　先看条件成立的运算逻辑。

　　第 1 行代码 if 100>=90:，判断 100 是否大于或等于 90，当前条件是成立的。

　　第 2 行代码 print('优秀')，由于第 1 行代码条件判断的结果是成立的，所以执行该行代码，在屏幕上输出 "优秀"。

　　第 3 行代码 else:，准备执行条件不成立的语句，固定写法。

　　第 4 行代码 print('普通')，由于第 1 行代码条件判断的结果不成立，所以不执行该行代码。

　　再看看条件不成立的运算逻辑。

　　第 5 行代码 if 80>=90:，判断 80 是否大于或等于 90，当前条件是不成立的。

　　第 6 行代码 print('优秀')，由于第 5 行代码条件判断的结果是不成立的，所以不执行该行代码。

　　第 7 行代码 else:，准备执行条件不成立的语句，固定写法。

　　第 8 行代码 print('普通')，由于第 5 行代码条件判断结果是不成立的，所以执行该行代码，在屏幕上输出 "普通"。

3.4.2　if 条件分支语句单行写法

　　实际上，if…else…条件分支语句可以写在一行，也叫三目运算。如果判断后的处理语句不太复杂，则可以使用这种写法，语法结构如图 3-16 所示。

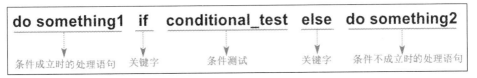

图 3-16　if 条件分支语句单行写法的语法结构

接下来看看这种单行写法的小案例，代码如下所示，代码在 "Chapter-3-14.py"
文件中。

```
1# print('优秀') if 100>=90 else print('普通') #当前条件成立,在屏幕上打印"优
    秀"
2# print('优秀') if 80>=90 else print('普通') #当前条件不成立,在屏幕上打印"普
    通"
```

第 1 行代码 print('优秀') if 100>=90 else print('普通')，因为 100>=90 是成立的，所
以会执行代码 print('优秀')。

第 2 行代码 print('优秀') if 80>=90 else print('普通')，因为 80>=90 是不成立的，所
以会执行代码 print('普通')。

3.4.3　if 条件分支语句应用案例：对数字进行分类计数

统计[95,89,69,100,88,94,91]列表中数字大于或等于 90 的个数和数字小于 90 的个
数，代码如下所示，代码在 "Chapter-3-15.py" 文件中。

```
1# lst=[95,89,69,100,88,94,91] #要被循环判断的数字列表
2# counter_a,counter_b=0,0 #分别初始化变量 counter_a 和 counter_b,其值均为 0
3# for num in lst: #循环 lst 变量中的数字并赋值给 num 变量
4#     if num>=90: #如果 num 大于或等于 90
5#         counter_a +=1 #则累加计数到 counter_a 变量中
6#     else: #如果 num 小于 90
7#         counter_b +=1 #则累加计数到 counter_b 变量中
8# print('>=90 有{}个, <90 有{}个。'.format(counter_a,counter_b)) #统计>=90
    与<90 的数字个数
```

第 1 行代码 lst=[95,89,69,100,88,94,91]，将列表赋值给 lst 变量。

第 2 行代码 counter_a,counter_b=0,0，分别初始化 counter_a 和 counter_b，用于在
后面做判断时存储条件成立的次数和条件不成立的次数。

第 3 行代码 for num in lst，循环读取 lst 列表中的数字，赋值给 num 变量。

第 4~7 行代码，是在 for 循环体中执行的，对循环出来的 num 变量的值进行判断，如果条件成立，则累加到 counter_a 变量，如果条件不成立，则累加到 counter_b 变量。

第 8 行代码 print('>=90 有{}个，<90 有{}个。'.format(counter_a,counter_b))，在屏幕上输出统计结果，最后返回的结果为 ">=90 有 4 个，<90 有 3 个。"

3.5 if 多条件分支语句

通过前面的学习可知，使用 if 语句可以处理条件成立时的情况，使用 if...else...语句可以处理条件成立和条件不成立两种情况。如果有更多的可能性，则可以使用 if...elif..else...语句，语法结构如图 3-17 所示。

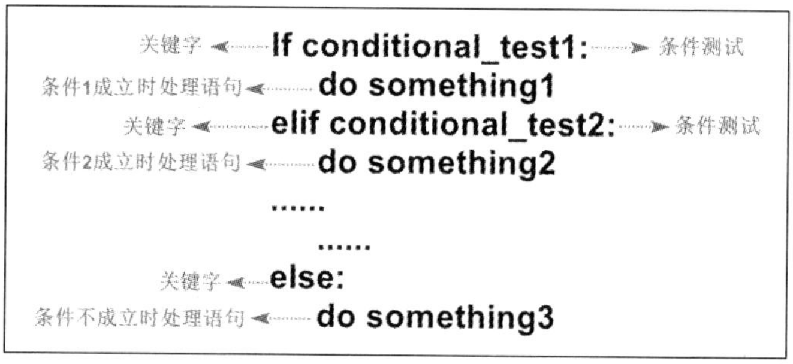

图 3-17 if 多条件分支语句的语法结构

- if 是关键字，固定写法，不能有任何变化。
- conditional_test1 是条件测试表达式，返回的结果是逻辑值（True 或 False）。
- do something1 是 conditional_test1 返回值为 True 时执行的处理语句。
- elif 是关键字，后面可以继续写条件测试表达式。
- conditional_test2 表示当 conditional_test1 条件不成立时，可以运行该条件测试表达式。
- ......表示可以继续写条件测试表达式和处理语句。
- else 是关键字，固定写法，不能有任何变化。注意，书写 else 关键字时要与 if 关键字对齐，相对 if 关键字，else 是没有缩进的。
- do something3 是上面所有条件测试都不成立时执行的处理语句。

3.5.1　if 多条件分支语句标准用法

有一个数字列表[69,89,95,54]，对这些数字做等级判断，条件及等级如表 3-1 所示。

表 3-1　判断条件及等级

条　　件	等　　级
>=90	优
>=80	良
>=60	中
<60	差

梳理一下这个案例的运算逻辑：如果列表中的数字大于或等于 90，则返回"优"，否则如果列表中的数字大于或等于 80，则返回"良"，否则如果列表中的数字大于或等于 60，则返回"中"，上面所有的条件均不成立，返回"差"。最后完成的效果如图 3-18 所示。

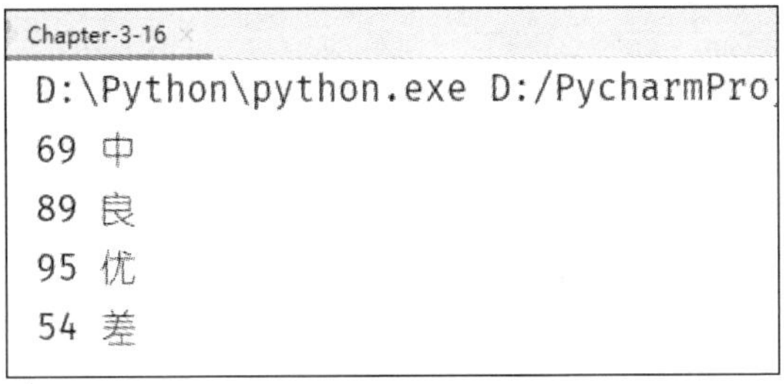

图 3-18　if 多条件分支语句案例效果

本案例代码如下所示，代码在"Chapter-3-16.py"文件中。

```
1#  lst=[69,89,95,54] #循环要判断的数字
2#  for num in lst: #将 lst 列表中的数字赋值给 num 变量
3#      if num>=90: #当 num 大于或等于 90 时
4#          print(num,'优') #在屏幕上输出"优"
5#      elif num>=80: #当 num 大于或等于 80 时
6#          print(num,'良') #在屏幕上输出"良"
7#      elif num>=60: #当 num 大于或等于 60 时
8#          print(num,'中') #在屏幕上输出"中"
9#      else: #当上面的所有条件均不成立时
10#         print(num,'差') #在屏幕上输出"差"
```

第 1 行代码 lst=[69,89,95,54]，将列表赋值给 lst 变量。

第 2 行代码 for num in lst:，将 lst 变量中的每个数字赋值给 num 变量。

第 3~8 行代码，从大到小依次判断 num 变量中的数字属于哪个级别。

第 9 行和第 10 行代码，当前面所有条件均不成立时，返回"差"。

3.5.2 if 多条件分支语句应用案例：对分数进行多等级判断

本案例对"分数"列的数字进行等级判断，大于或等于 90 分为"优"，大于或等于 80 分且小于 90 为"良"，大于或等于 60 分且小于 80 分为"中"，其余均为"差"，最后将判断结果写入"等级"列，处理前后的效果如图 3-19 所示。

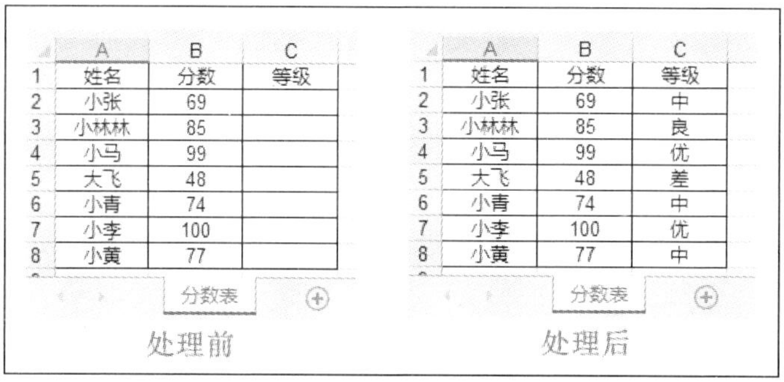

图 3-19 对分数进行等级判断处理前后的效果

本案例代码如下所示，代码在"Chapter-3-17.py"文件中。

```
1#  import xlrd #导入 xlrd 库
2#  from xlutils.copy import copy #导入 xlutils 库中的 copy 函数
3#  wb=xlrd.open_workbook('Chapter-3-17-1.xls') #读取工作簿
4#  ws=wb.sheet_by_name('分数表') #读取"分数表"工作表
5#  nwb=copy(wb) #复制工作簿
6#  nws=nwb.get_sheet('分数表') #读取工作簿副本中的工作表
7#  col_vals=ws.col_values(1) #读取工作表中的 B 列数据
8#  row_num=0 #初始化 row_num 变量
9#  for num in col_vals: #将工作表 B 列中的数据循环赋值给 num 变量
10#     if type(num)==float: #判断 num 是否为 float 类型
11#        if num>=90: #如果大于或等于 90 分
12#           nws.write(row_num,2,'优') #则将"优"写入 C 列单元格
13#        elif num>=80: #如果大于或等于 80 分
14#           nws.write(row_num,2,'良') #则将"良"写入 C 列单元格
15#        elif num>=60: #如果大于或等于 60 分
16#           nws.write(row_num,2,'中') #则将"中"写入 C 列单元格
```

```
17#        else: #如果上面的条件均不成立
18#            nws.write(row_num,2,'差') #则将"差"写入 C 列单元格
19#    row_num +=1 #对 row_num 累加 1
20# nwb.save('Chapter-3-17-1.xls') #保存工作簿
```

第 1 行和第 2 行代码 import xlrd 和 from xlutils.copy import copy，分别用来导入需要使用的库。

第 3 行和第 4 行代码 wb=xlrd.open_workbook('Chapter-3-17-1.xls') 和 ws=wb.sheet_by_name('分数表')，分别读取 "Chapter-3-17-1.xls" 工作簿和 "分数表" 工作表。

第 5 行代码 nwb=copy(wb)，复制 "Chapter-3-17-1.xls" 工作簿，生成一个副本。

第 6 行代码 nws=nwb.get_sheet('分数表')，读取工作簿副本中的"分数表"工作表，该工作表便有了写入的权限。

第 7 行代码 col_vals=ws.col_values(1)，读取 "分数表" 工作表中 B 列的分数。

第 8 行代码 row_num=0，初始化 row_num 变量，并在后面的循环语句中做累加，作为写入单元格时的行号。

第 9 行代码 for num in col_vals，将 col_vals 中的分数逐个循环赋值给 num 变量，便于后续做判断。

第 10~19 行是循环体中的语句。

第 10 行代码 if type(num)==float，判断循环出来的 num 变量是否是 float 类型。如果条件成立，则执行等级判断。

第 11~18 行代码，从大到小判断每个分数属于哪个等级，并将等级写入副本 "分数表" 工作表的 C 列单元格。

第 19 行代码 row_num +=1，对 row_num 变量累加 1，循环多少次，则累加多少次，每次累加的数字作为写入单元格时的行号。

第 20 行代码 nwb.save('Chapter-3-17-1.xls')，完成数据处理后进行保存。注意，保存的是工作簿副本 nwb，而不是 wb，相当于用工作簿副本 nwb 替换了 wb。如果保存的工作簿名称不相同，则相当于另存工作簿。

3.6　break 语句

　　break 语句用于终止循环。当 while 循环条件中没有 False，或者 for 循环没有被全部循环完时，可以使用 break 语句终止循环。可以给 break 语句设置条件，当条件成立时运行 break 语句终止循环。

3.6.1　break 在 while 循环语句中的应用

　　使用 print 函数在屏幕上输出 1~4 序列数，代码如下所示，代码在"Chapter-3-18.py"文件中。

```
1#  num=0 #初始化 num 变量，其值为 0
2#  while True: #做无限循环
3#      num +=1 #num 变量累加 1
4#      if num==5: #当 num 等于 5 时
5#          break #退出循环
6#      print(num) #在屏幕上输出累加值
```

　　第 2 行代码 while True:，会在 while 循环语句中做无限循环，如果在循环体中不写明终止条件，将会一直循环。

　　第 4 行和第 5 行代码表示终止循环的条件成立即 num 变量累加到 5 时退出循环，最后 print 函数输出的数字为 1、2、3、4。

3.6.2　break 在 for 循环语句中的应用

　　要求找出[98,85,93,97,88,96]列表中第 3 个大于或等于 90 的数字，代码如下所示，代码在"Chapter-3-19.py"文件中。

```
1#  num=0 #初始化 num 变量，其值为 0
2#  for score in [98,85,93,97,88,96]: #循环列表中的数字并赋值给 score 变量
3#      if score>=90: #如果 score 的值大于或等于 90
4#          num +=1 #则 num 变量累加 1
5#          if num==3: #如果 num 的值等于 3
6#              break #则退出循环
7#  print(score) #输出第 3 个大于或等于 90 的数字
```

　　这段代码循环判断每个数字，如果数字大于或等于 90，则 num 变量进行 1 次累加。当 num 变量的值累加到 3 时，score 的值就是第 3 个大于或等于 90 的数字，这时

不再继续循环，执行 break 语句退出循环，最后 print 函数输出的数字为 97。

3.6.3　break 语句应用案例：标记达标时的首个月份

本案例查找每个人在 12 个月中，业绩累计达到 100 时，对应的是哪个月，处理前后的效果如图 3-20 所示。

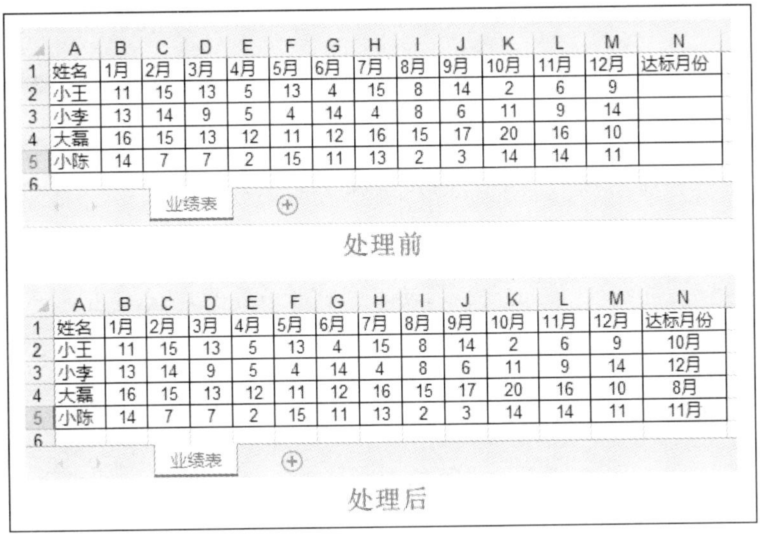

图 3-20　标记达标时的首个月份处理前后的效果

本案例代码如下所示，代码在 "Chapter-3-20.py" 文件中。

```
1#  import xlrd #导入 xlrd 库
2#  from xlutils.copy import copy #导入 copy 函数
3#  wb=xlrd.open_workbook('Chapter-3-20-1.xls') #读取工作簿
4#  ws=wb.sheet_by_name('业绩表') #读取工作簿中的工作表
5#  nwb=copy(wb) #复制工作簿，生成副本
6#  nws=nwb.get_sheet('业绩表') #读取副本中的工作表
7#  for row_num in range(1,ws.nrows): #确定要循环的行号范围
8#      num = 0 #初始化 num 变量
9#      for col_num in range(1,13): #确定要循环的列号范围
10#         num +=ws.cell_value(row_num,col_num) #使用 num 变量累加每个人的业绩
11#         if num>=100: #如果 num 的值大于或等于 100
12#             nws.write(row_num,13,ws.cell_value(0,col_num)) #则将月份写入 N
列
13#             break #终止内层循环
14#nwb.save('Chapter-3-20-1.xls') #保存工作簿
```

第 1 行和第 2 行代码分别导入需要用到的库和函数。

第 3 行和第 4 行代码读取工作簿和工作表。

第 5 行和第 6 行代码复制工作簿和读取工作簿副本中的工作表。

第 7 行代码 for row_num in range(1,ws.nrows)，确定要循环的行号范围，range(1,ws.nrows)表示从工作表的第 2 行到 ws.nrows 获取的最后一行。

第 9 行代码 for col_num in range(1,13):，确定要循环的列号范围，range(1,13)表示从第 2 列到第 12 列，也就是对应的 1 月到 12 月的数据。

第 10 行代码 num +=ws.cell_value(row_num,col_num)，累加每个人 1 月到 12 月的数据。

第 11~13 行代码，如果 num 变量累加的值大于或等于 100，则将对应的月份写入 N 列对应的单元格，并且终止后续的内层 for 循环，然后继续运行外层的 for 循环。

第 14 行代码保存工作簿副本 nwb。

3.7　continue 语句

break 语句用来终止整个循环，要终止整个循环中的某次循环，可以使用 continue 语句。如果在循环体中执行了 continue 语句，则 continue 之后的语句在本次循环中不再执行，进入下一个循环。

3.7.1　continue 在 while 循环中的应用

例如，输出 1~5 中的奇数，代码如下所示，代码在 "Chapter-3-21.py" 文件中。

```
1#  num=0 #初始化 num 变量
2#  while num<6: #当 num 小于 6 时
3#     num +=1 #对 num 变量累加 1
4#     if num%2==0: #如果 num 除以 2 的余数为 0
5#         continue #则跳出本次循环，进入下一个循环
6#     print(num) #在屏幕上输出累加出来的数字
```

第 4 行代码 if num%2==0:，如果条件成立，证明是偶数，那么就会执行第 5 行代

码 continue，执行了 continue，就不会再执行后面的语句，而是进入下一个循环。第 6
行代码 print(num)是在 if num%2==0:不成立时执行的。因此，最后输出的数字是 1、3、
5。

3.7.2　continue 在 for 循环中的应用

对列表[90,85,99,78,100]中的数字逐个进行判断，如果小于 90，则跳出本次循环，
进入下一个循环；否则继续执行 continue 后面的语句。最后运行完成的效果如图 3-21
所示。

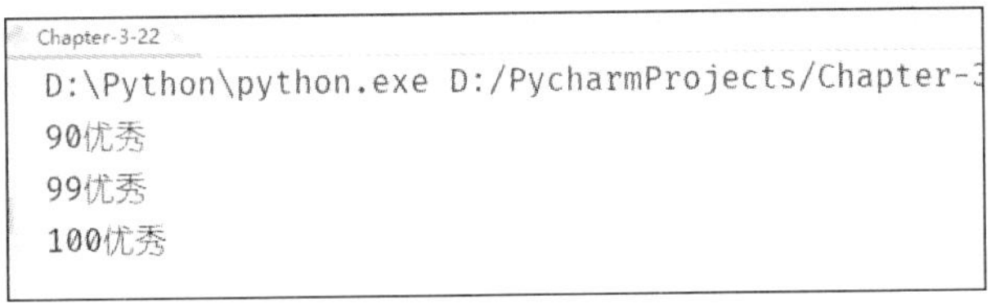

图 3-21　案例运行完成的效果

本案例代码如下所示，代码在 "Chapter-3-22.py" 文件中。

```
1#  for num in [90,85,99,78,100]: #将列表中的数字循环赋值给 num 变量
2#    if num<90: #如果 num 小于 90
3#      continue #则不再执行当次循环的后续语句，直接进入下一个循环
4#    txt='{}优秀'.format(num) #格式化 num 变量中的值
5#    print(txt) #在屏幕上输出 txt 变量中的内容
```

分析一下上面的代码，首先获取第 1 个数字，判断 90<90 是否成立，条件是不成
立的，应执行第 4 行和第 5 行代码。接下来获取第 2 个数字，判断 85<90 是否成立，
条件是成立的，跳出本次循环，不执行第 4 行和第 5 行代码，继续进行第 3 个数的判
断，以此类推。

3.7.3　continue 语句应用案例

将列表[41,5,41,78,51,68,34,64,49,21]中的值当作一组业绩数据，业绩每次累计大
于或等于 100 时，就标记出来，然后重新累计，以此类推。完成后的效果如图 3-22
所示。

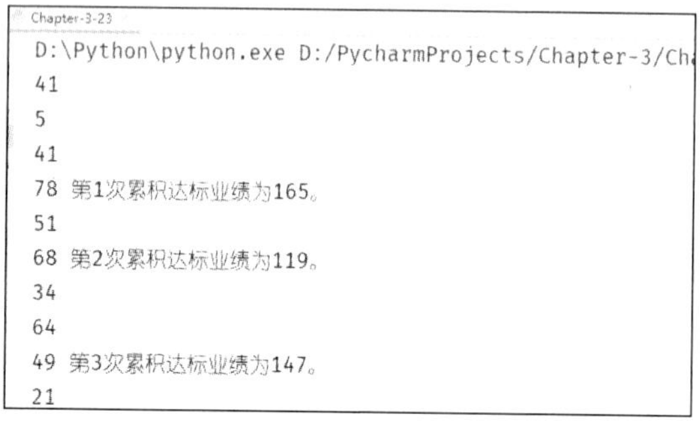

```
Chapter-3-23
D:\Python\python.exe D:/PycharmProjects/Chapter-3/Ch
41
5
41
78 第1次累积达标业绩为165。
51
68 第2次累积达标业绩为119。
34
64
49 第3次累积达标业绩为147。
21
```

图 3-22　continue 语句应用案例效果

本案例代码如下所示，代码在“Chapter-3-23.py”文件中。

```
1#  n,m=0,0 #初始化 n 变量和 m 变量
2#  for num in [41,5,41,78,51,68,34,64,49,21]: #循环列表中的业绩数据
3#      n +=num #对业绩数据进行累加
4#      if n<100: #如果 n 变量累加的业绩数据小于 100
5#          print(num) #则输出业绩数据
6#          continue#跳出此次循环
7#      m +=1 #m 变量累加 1
8#      print(num,'第{}次累积达标业绩为{}。'.format(m,n)) #输出累加超过 100 的数
   据
9#      n=0 #将 n 变量重新初始化，方便下一次累加业绩数据
```

第 5 行代码 print(num)，表示当累加数据不足 100 时，输出原数据。

第 6 行代码 continue，表示退出此次循环，进入下一次循环。

第 7~9 行代码是第 4 行代码 if n<100:条件不成立时执行的语句，也就是 n 变量大于或等于 100 时执行的语句。

第 4 章

Python 有序对象——字符串处理技术

在本书 1.8.2 节中简单讲解了字符串的应用，实际上，关于字符串还有很多知识点没有介绍。字符串是有序的数据类型，属于可迭代对象，可以对字符串进行循环、查找、替换、合并、拆分等操作。本章详细讲解字符串的一些特性及用法。

4.1　字符串切片

字符串是 Python 中常见的一种数据类型。字符串切片就是截取字符串。在 Python 中，可以利用字符串的切片特性进行提取、拆分、合并等操作，但不能对字符串进行修改。

4.1.1　单字符切片

单字符切片是对字符串中指定位置的单个字符进行截取。语法结构为：字符串[索引位置]，索引位置的序号是从 0 开始的。关于索引位置，既能以开头为基准进行切片，也能以结尾为基准进行切片。案例代码如下所示，代码在 "Chapter-4-1.py" 文件中。

```
1#  txt='Python 与 Excel' #要做切片处理的字符串
2#  print(txt[0],txt[1],txt[2]) #索引位置以开头为基准切片，返回值'P y t'
3#  print(txt[-1],txt[-2],txt[-3]) #索引位置以结尾为基准切片，返回值'l e c'
```

第 2 行代码 print(txt[0],txt[1],txt[2])，其中 txt[0]、txt[1]、txt[2]表示以开头为基准，分别截取第 0、1、2 个字符，并且分别返回 "P" "y" "t" 3 个字符。

第 3 行代码 print(txt[-1],txt[-2],txt[-3])，其中 txt[-1]、txt[-2]、txt[-3]表示以结尾为基准，分别截取倒数第 1、2、3 个字符，并且分别返回 "l" "e" "c" 3 个字符。注意，第 1 个索引位置是从-1 开始的。

4.1.2　多字符切片

如果截取的不是单个字符，而是多个字符，则切片的语法结构为：字符串[开始索引:结束索引:步长]。多字符截取有几种常见的切片方式，代码如下所示，代码在 "Chapter-4-2.py" 文件中。

```
1#  txt='Python 与 Excel' #要做切片处理的字符串
2#  print(txt[2:9]) #以开头为基准切片，返回值'thon 与 Ex'
3#  print(txt[-10:-3])#以结尾为基准切片，返回值'thon 与 Ex'
4#  print(txt[:7]) #以开头为基准切片，返回值为'Python 与'
5#  print(txt[:-5])#以结尾为基准切片，返回值为'Python 与'
6#  print(txt[7:]) #以开头为基准切片，返回值'Excel'
7#  print(txt[-5:])#以开头为基准切片，返回值'Excel'
8#  print(txt[2:-5])#开始索引以开头为基准，结束索引以结尾为基准，返回'thon 与'
```

```
9# print(txt[-10:7])#开始索引以结尾为基准，结束索引以开头为基准，返回'thon 与'
10#print(txt[:])#截取整个字符串切片，返回值为'Python 与 Excel'
11#print(txt[::2])#截取整个字符串切片，步长为2，返回值为'Pto 与 xe'
12#print(txt[::-1])#截取整个字符串切片，步长为-1，返回值为'lecxE 与 nohtyP'
13#print(txt[::-2])#截取整个字符串切片，步长为-2，返回值为'lcEnhy'
```

下面用表整理上面 2~9 行代码中几种常见的切片方式，如表 4-1 所示。

表 4-1   几种常见的切片方式

切 片 要 求	以开头为基准	以结尾为基准	返 回 值
从指定位置开始截取，到指定位置结束	print(txt[2:9])	print(txt[-10:-3])	'thon 与 Ex'
从最左侧开始截取，到指定位置结束	print(txt[:7])	print(txt[:-5])	'Python 与'
从指定位置开始截取，到最右侧结束	print(txt[7:])	print(txt[-5:])	'Excel'
开始索引位置以开头和结尾两种方式为基准，结束索引位置也以开头和结尾两种方式为基准	print(txt[2:-5])	print(txt[-10:7])	'thon 与'

在切片字符串时，还可以使用步长，默认步长为 1。使用步长进行切片的几种方法如表 4-2 所示。

表 4-2   使用步长进行切片的几种方式

切 片 要 求	代 码	返 回 值
从开头截取整个字符串	print(txt[:])	'Python 与 Excel'
从开头截取整个字符串的奇数个字符	print(txt[::2])	'Pto 与 xe'
从结尾截取整个字符串（反转字符串）	print(txt[::-1])	'lecxE 与 nohtyP'
从结尾截取整个字符串的奇数个字符	print(txt[::-2])	'lcEnhy'

4.1.3   字符串切片应用案例：根据身份证号判断性别

本案例对员工信息表中 B 列的身份证号进行性别判断，如图 4-1 所示。在 18 位身份证号中判断第 17 位数字，在 15 位身份证号中判断第 15 位数字。如果数字是奇数，则性别为男；如果数字是偶数，则性别为女。

本案例的编程思路是，使用字符串切片从身份证号的第 15 位开始截取到第 17 位，再截取最后一位数字。这样不管身份证号是 15 位，还是 18 位，最终都截取到了要判断性别的数字，之后的数据处理就比较容易了。

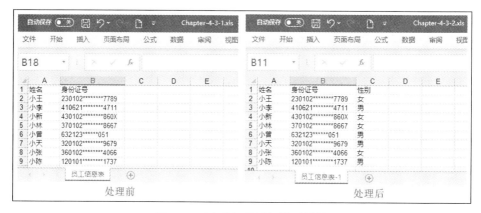

图 4-1　对身份证号进行性别判断

本案例代码如下所示，代码在"Chapter-4-3.py"文件中。

```
1#  import xlrd,xlwt #导入所需库
2#  wb=xlrd.open_workbook('Chapter-4-3-1.xls') #读取工作簿
3#  ws=wb.sheet_by_name('员工信息表') #读取工作表
4#  nwb=xlwt.Workbook('utf-8') #新建工作簿
5#  nws=nwb.add_sheet('员工信息表-1') #新建工作表
6#  nws.write(0,0,'姓名') #在表头写入"姓名"
7#  nws.write(0,1,'身份证号') #在表头写入"身份证号"
8#  nws.write(0,2,'性别') #在表头写入"性别"
9#  row_num=0 #初始化 row_num 变量，其值为 0
10# while row_num<ws.nrows-1: #当 row_num 变量的值小于员工信息表已用行数时，开始
    循环
11#     row_num +=1 #累加 row_num 变量
12#     card=ws.cell_value(row_num,1) #获取单元格的身份证号信息
13#     sex_num=int(card[14:16][-1]) #截取判断性别的数字
14#     sex='男' if sex_num % 2 == 1 else '女' #根据数字判断性别
15#     name=ws.cell_value(row_num,0) #获取姓名
16#     nws.write(row_num,0,name) #将姓名写入新工作表中的 A 列单元格
17#     nws.write(row_num,1,card) #将身份证号写入新工作表中的 B 列单元格
18#     nws.write(row_num,2,sex) #将性别写入新工作表中的 C 列单元格
19# nwb.save('Chapter-4-3-2.xls') #保存新建的工作簿
```

第 1~9 行代码都是在为数据的读取和写入做准备。

第 13 行代码 sex_num =int(card[14:16][-1])是性别判断的关键语句。首先截取第 15~17 位数字，然后截取最右侧的数字。比如，对 18 位身份证号进行截取，'230102********7789'[14:16]的截取结果为"778"，然后执行语句'778' [-1]，截取结果为"8"。再比如，对 15 位身份证号进行截取，'632123******051'[14:17]的截取结果为

"1"，然后执行语句 '1' [-1]，截取结果为"1"。这样对 18 位身份证号和 15 位身份证号都能截取到判断性别的数字，再使用 int 函数将其转换为整数。

第 14 行代码 sex='男' if sex_num % 2 == 1 else '女'，对存储性别数字的 sex_num 变量除以 2 求奇偶，然后根据奇偶做性别判断。

第 16~18 行代码是将信息写入新工作簿中的新工作表。

第 19 行代码是保存新工作簿。

4.2   字符串统计

有时需要统计字符串的一些信息，比如统计字符串长度、统计指定子字符串在父字符串中出现的次数等。

4.2.1   统计字符串长度

统计字符串、列表、元组等对象的长度或项目个数，可以使用 len 函数。

函数语法：

len(s)

参数说明：

s：参数可以是序列，例如字符串、元组、列表、字典、集合等。

例如，统计字符串'Python'的长度，代码如下所示，代码在 "Chapter-4-4.py" 文件中。

```
1# print('Python',len('Python'))  #返回'Python 6'
```

4.2.2   按条件统计字符串

统计指定子字符串在父字符串中出现的次数，可以使用 count 函数。

函数语法：

count(sub[, start[, end]])

参数说明：

- sub：必选参数，搜索的子字符串。
- start：可选参数，字符串开始搜索的位置，默认从第 0 个字符开始搜索。
- end ：可选参数，字符串结束搜索的位置，默认搜索到字符串最后。

例如，在'张三 19,李四,张三 9,林林 6,张三 12,李四 8'字符串中搜索关键词"张三"。代码如下所示，代码在 "Chapter-4-5.py" 文件中。

```
1# txt='张三19,李四,张三9,林林6,张三12,李四8' #被查找的字符串
2# print(txt.count('张三')) #返回值为3
3# print(txt.count('张三',4)) #返回值为2
4# print(txt.count('张三',4,13)) #返回值为1
```

第 2 行代码 print(txt.count('张三'))，是在整个字符串中搜索"张三"，该字符串中有 3 个"张三"，所以返回值为 3。

第 3 行代码 print(txt.count('张三',4))，是从字符串的第 4 个位置开始搜索到最后，也就是在字符串',李四,张三 9,林林 6,张三 12,李四 8'中搜索"张三"，该字符串中有 2 个"张三"，所以返回值为 2。

第 4 行代码 print(txt.count('张三',4,13))，是从字符串的第 4 个位置开始搜索到第 13 个位置，也就是在字符串',李四,张三 9,林'中搜索"张三"，该字符串中只有 1 个"张三"，所以返回值为 1。

4.2.3 字符串统计应用案例：统计各等级出现的次数

本案例统计分数表中每个人获得优、良、中、差的次数，将结果写入 C 列单元格，如图 4-2 所示。

本案例的编程思路是将 4 个等级作为搜索关键字在每个单元格中进行计数，然后将每个等级的计数结果写入 C 列。

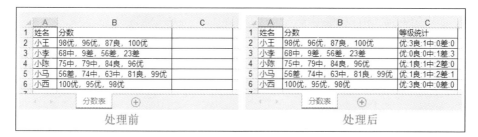

图 4-2 统计各等级出现的次数

本案例代码如下所示，代码在"Chapter-4-6.py"文件中。

```
1#  import xlrd #导入读取 XLS 文件的库
2#  from xlutils.copy import copy #导入复制工作簿的函数
3#  wb=xlrd.open_workbook('Chapter-4-6-1.xls') #读取工作簿
4#  ws=wb.sheet_by_name('分数表') #读取工作表
5#  nwb=copy(wb) #复制工作簿，生成一个副本
6#  nws=nwb.get_sheet('分数表') #读取副本工作簿中的工作表
7#  row_num=0 #初始化 row_num 变量，其值为 0
8#  txt='' #初始化 txt 变量，其值为空
9#  while row_num<ws.nrows-1: #当 row_num 变量的值小于已使用单元格区域的行数时
10#     row_num +=1 #对 row_num 变量累加 1
11#     score=ws.cell_value(row_num,1) #获取 B 列单元格的值
12#     for level in '优良中差': #循环"优良中差"4 个等级
13#         lev_sco='{}:{}\t'.format(level,score.count(level)) #统计每个等级
    的个数并进行格式化
14#         txt +=lev_sco #累计各等级出现的次数
15#     nws.write(row_num,2,txt)  #将统计结果写入 C 列单元格
16#     txt='' #重新初始化 txt 变量，便于存储下一个单元格各等级的统计结果
17# nws.write(0,2,'等级统计') #在 C 列写入表头
    nwb.save('Chapter-4-6-1.xls') #保存副本工作簿
```

第 1~8 行代码为读取工作表数据和写入工作表做准备。

第 10 行和第 11 行代码用于获取单元格的值。

第 12~14 行代码循环判断每个等级在单元格中出现的次数，关键语句是 score.count(level)，并且使用 txt +=lev_sco 来累计各等级出现的次数。

第 15 行和第 16 行代码用来写入统计结果与重新初始化。nws.write(row_num,2,txt) 是将 txt 变量中的统计结果写入副本工作簿中工作表的 C 列。txt=''用于重新初始化 txt 变量。

第 17 行和第 18 行代码用来在 C 列写入表头和保存工作簿。

4.3　字符串搜索

搜索指定子字符串在父字符串中第一次出现的位置，可以使用 index 函数或 find
函数。

4.3.1　使用 index 函数搜索字符串位置

index 函数用于从字符串中找出子字符串第一个匹配项的索引位置，如果查找的
字符串不存在，则返回错误提示。

函数语法：

index(sub[, start[, end]])

参数说明：

- sub：必选参数，搜索的子字符串。
- start：可选参数，字符串开始搜索的位置，默认从第 0 个字符开始搜索。
- end：可选参数，字符串结束搜索的位置，默认搜索到字符串最后。

例如，在字符串'张三 19,李四,张三 9,林林 6,张三 12,张三 8'中搜索关键词"张三"，
代码如下所示，代码在 "Chapter-4-7.py" 文件中。

```
1#  txt='张三19,李四,张三9,林林6,张三12,张三8'  #被查找的字符串
2#  print(txt.index('张三')) #返回值为0
3#  print(txt.index('张三',18)) #返回值为21
4#  print(txt.index('张三',6,16)) #返回值为8
```

第 2 行代码 print(txt.index('张三'))，是在整个字符串中搜索"张三"第 1 次出现
的位置，返回值为 3。

第 3 行代码 print(txt.index('张三',18))，是从字符串的第 18 个位置开始搜索"张三"
第 1 次出现的位置，返回值为 21。

第 4 行代码 print(txt.count('张三',6,16))，是在字符串的第 6 个位置到第 16 个位置
中搜索"张三"第 1 次出现的位置，返回值为 8。

4.3.2   使用 find 函数搜索字符串位置

find 函数用于从父字符串中找出某个子字符串第一个匹配项的索引位置，该函数的功能与 index 函数的功能一样，只不过子字符串不在父字符串中时不会报异常，而是返回-1。

函数语法：

find(sub[, start[, end]])

参数说明：

- sub：必选参数，搜索的子字符串。
- start：可选参数，字符串开始搜索的位置，默认从第 0 个字符开始搜索。
- end：可选参数，字符串结束搜索的位置，默认搜索到字符串最后。

例如，在字符串'Python'中搜索'Excel'，分别使用 find 函数和 index 函数，代码如下所示，代码在"Chapter-4-8.py"文件中。

```
1# print('Python'.find('Excel')) #搜索不到，返回-1
2# print('Python'.index('Excel')) #搜索不到，返回错误提示
```

第 1 行代码 print('Python'.find('Excel'))，当使用 find 函数搜索不到时，返回-1。

第 2 行代码 print('Python'.index('Excel'))，当使用 index 函数搜索不到时，返回错误提示。提示错误为"ValueError：substring not found"，表示未找到子字符串，如图 4-3 所示。

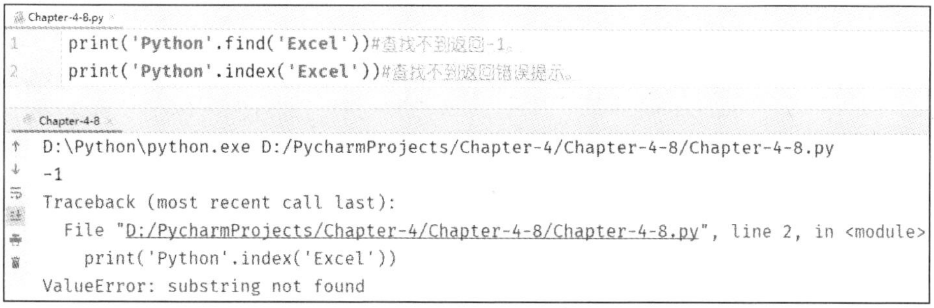

图 4-3   搜索不到时返回的错误提示

4.3.3 字符串搜索应用案例：提取指定位置的信息

本案例截取信息表中 A 列的部门信息，将截取结果写入 B 列对应的单元格中，如图 4-4 所示。

本案例的编程思路是首先获取"（"和"）"的位置，然后使用字符串切片的方法截取两个位置之间的字符串。

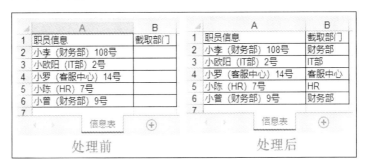

图 4-4 提取指定位置的信息

本案例的代码如下所示，代码在"Chapter-4-9.py"文件中。

```
1#  import xlrd #导入读取 XLS 文件的库
2#  from xlutils.copy import copy #导入工作簿复制函数
3#  wb=xlrd.open_workbook('Chapter-4-9-1.xls') #读取工作簿
4#  ws=wb.sheet_by_name('信息表') #读取工作表
5#  nwb=copy(wb) #复制工作簿，生成一个副本
6#  nws=nwb.get_sheet('信息表') #读取副本中的工作表
7#  row_num=0 #初始化 row_num 变量，其值为 0
8#  while True: #条件为 True，会一直循环，在循环体中做终止循环处理
9#     row_num +=1 #对 row_num 变量累加 1
10#    if row_num > ws.nrows-1: #当 row_num 变量的值大于已使用单元格区域的行数时
11#       break #终止循环
12#    info=ws.cell_value(row_num, 0) #获取 A 列单元格的值
13#    strat=info.find('（')+1 #搜索"（"的位置，应该在"（"之后截取，所以要加 1
14#    end=info.find('）') #搜索"）"的位置
15#    dept=info[strat:end] #截取 A 列单元格中"（"和"）"之间的部门信息
16#    nws.write(row_num,1,dept) #将截取到的部门信息写入 B 列单元格
17# nwb.save('Chapter-4-9-1.xls') #保存工作簿
```

第 1~7 行代码为读取工作表数据和写入工作表做准备。

第 8 行代码开始循环读取单元格。

第 9~16 行代码是循环体中的处理语句。第 10 行和第 11 行代码用来终止循环。第 12~16 行代码首先获取单元格的值，再获取"（"和"）"的索引位置，然后截取部门信息，最后将部门信息写入副本工作簿中工作表 B 列对应的单元格。

第 17 行代码保存工作簿副本。

4.4　字符串替换

字符串替换的本质就是有条件地对字符串进行修改。读者可能会疑惑，前面不是说过字符串是只读属性，不能修改吗？实际上，替换后的字符串内存地址已经不是替换前的字符串内存地址，也就是说，并没有修改替换前的字符串，替换后生成了一个新的字符串。

4.4.1　字符串替换方法

replace 函数用于把字符串中指定的旧字符串替换成指定的新字符串，默认全部替换。

函数语法：

replace(old,new[,count])

参数说明：

- old：必选参数，被替换的旧字符串。
- new：必选参数，新字符串，用于替换旧字符串。
- count：可选参数，替换的次数，默认替换所有出现的旧字符串。

例如，将字符串'A 组-优秀；B 组-良好；C 组-优秀；D 组-优秀'中的"优秀"替换为"晋级"，代码如下所示，代码在"Chapter-4-10.py"文件中。

```
1# txt='A组-优秀；B组-良好；C组-优秀；D组-优秀' #被替换的字符串
2# print(txt.replace('优秀','晋级')) #将所有'优秀'替换为'晋级'
3# print(txt.replace('优秀','晋级',1)) #将前1个'优秀'替换为'晋级'
4# print(txt.replace('优秀','晋级',2)) #将前2个'优秀'替换为'晋级'
```

第 2 行代码 print(txt.replace('优秀','晋级'))，如果不指定第 3 个参数，则默认将所有的"优秀"替换为"晋级"，替换结果为'A 组-晋级；B 组-良好；C 组-晋级；D 组-晋级'.

第 3 行代码 print(txt.replace('优秀','晋级',1))，如果指定第 3 个参数为 1，则表示将第 1 个"优秀"替换为"晋级"，替换结果为'A 组-晋级；B 组-良好；C 组-优秀；D 组-优秀'.

第 4 行代码 print(txt.replace('优秀','晋级',2))，如果指定第 3 个参数为 2，则表示将前两个"优秀"替换为"晋级"，替换结果为'A 组-晋级；B 组-良好；C 组-晋级；D 组-优秀'.

4.4.2 字符串替换应用案例：整理不规范的分隔符

本案例对员工表中 B 列的名单进行处理，将每个姓名之间的分隔符统一成半字线"-"，如图 4-5 所示。

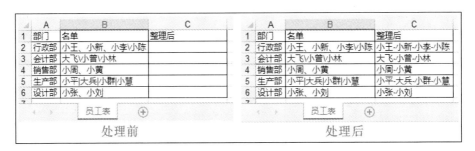

图 4-5 整理不规范的分隔符

本案例的编程思路是将名单中的"、""\""|"使用循环的方式替换为"-"。

本案例代码如下所示，代码在"Chapter-4-11.py"文件中。

```
1#  import xlrd #导入读取 XLS 文件的库
2#  from xlutils.copy import copy #导入工作簿复制函数
3#  wb=xlrd.open_workbook('Chapter-4-11.xls') #读取工作簿
4#  ws=wb.sheet_by_name('员工表') #读取工作表
5#  nwb=copy(wb) #复制工作簿，生成一个副本
6#  nws=nwb.get_sheet('员工表') #读取副本中的工作表
7#  row_num=0 #初始化 row_num 变量，其值为 0
8#  while row_num<ws.nrows-1: #当 row_num 变量的值小于已使用单元格区域的行数时
9#      row_num +=1 #对 row_num 变量累加 1
10#     roster=ws.cell_value(row_num, 1) #获取 B 列单元格的值
```

```
11#    for symbol in '、\|': #循环要被替换的符号
12#        roster=roster.replace(symbol,'-') #将指定字符替换为'-'
13#    nws.write(row_num,2,roster) #将替换结果写入 C 列单元格
14#nwb.save('Chapter-4-11.xls') #保存副本工作簿
```

第 1~7 行代码为读取工作表数据和写入工作表做准备。

第 9 行和第 10 行代码用于获取要循环的单元格。

第 11 行和第 12 行代码，其中 for symbol in '、\|'是循环出"、\|"中的每个分隔符，作为 roster=roster.replace(symbol,'-')中要查找的字符，再替换为"-"，然后将结果写入 roster 变量，直到每个分隔符循环替换结束。

第 13 行代码 nws.write(row_num,2,roster)，将替换完成的结果写入副本工作簿中工作表的 C 列。

第 14 行代码用于保存副本工作簿。

4.5   字符串拆分与合并

字符串的拆分与合并可以使用字符串切片的方法来完成，但字符太多就不方便了，表达也不够简洁、灵活。本小节讲解使用 split 函数和 join 函数来完成字符串的拆分与合并。

4.5.1   拆分字符串为列表

split 函数用于拆分字符串，可以指定分隔符对字符串进行切片，并返回拆分后的字符串列表。

函数语法：

split([sep][,maxsplit])

参数说明：

- sep：可选参数，表示分隔符，默认为空格（' '），但是不能为空（''）。分隔符可以是单个字符，也可以是多个字符。如果是多个字符，则被看作一个整体。

- maxsplit：可选参数。表示要执行的最大拆分数。-1（默认值）表示无限制。

例如，对字符串'10 20 50'和'78|98|100'进行拆分，代码如下所示，代码在"Chapter-4-12.py"文件中。

```
1# print('10 20 50'.split()) #默认以' '进行拆分
2# print('10 20 50'.split('|')) #指定的拆分符号在字符串中不存在
3# print('78|98|100'.split('|')) #指定的拆分符号在字符串中存在
4# print('78|98|100'.split('|',1)) #指定拆分个数
```

第 1 行代码 print('10 20 50'.split())，对字符串'10 20 50'进行拆分，由于 split 函数中没有指定任何参数，所以默认以空格对整个字符串进行拆分，返回值为['10', '20', '50']。

第 2 行代码 print('10 20 50'.split('|'))，对字符串'10 20 50'按分隔符"|"进行拆分，由于字符串中并不存在"|"，因此返回的结果不是字符串，而是列表['10 20 50']，列表中只有一个元素'10 20 50'。

第 3 行代码 print('78|98|100'.split('|'))，对字符串'78|98|100'按分隔符"|"进行拆分，返回值为['78', '98', '100']。

第 4 行代码 print('78|98|100'.split('|',1))，对字符串'78|98|100'按分隔符"|"进行拆分，split 函数的第 2 个参数 1 表示只拆分到第 1 次出现的"|"，因此返回值为['78', '98|100']。

4.5.2 合并列表为字符串

前面通过 split 函数将字符串拆分成列表，列表中存储的是拆分出来的子字符串。现在要反向操作，将列表中的子字符串合并成一个大的字符串，可以使用 join 函数来完成。

函数语法：

join(iterable)

参数说明：

Iterable：必选参数，可以是列表、元组等可迭代对象，但其中的值只能为字符串，不能是其他数据类型。

例如，以"-"为分隔符对列表['张三','18','财务部']进行合并，代码如下所示，代码在"Chapter-4-13.py"文件中。

```
1# print('-'.join(['张三','18','财务部']))  #返回'张三-18-财务部'
```

第 1 行代码 print('-'.join(['张三','18','财务部']))，列表中的 18 假如不是字符串类型，也要转换为字符串类型，一般使用 str 函数，否则合并时会出错。

4.5.3　字符串拆分与合并应用案例：汇总多表中的不规范数据

本案例将 4 个季度每个人的业绩汇总到一个新工作表，如图 4-6 所示。

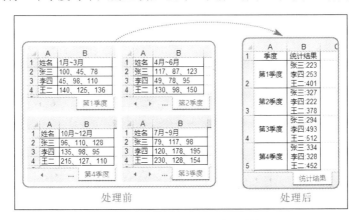

图 4-6　汇总多表中的不规范数据

本案例的编程思路是对每个工作表 B 列单元格的数字进行拆分并累加，再与 A 列的姓名连接，最后将 4 个季度的数据循环写入新建工作表。

本案例代码如下所示，代码在"Chapter-4-14.py"文件中。

```
1#  import xlrd,xlwt  #导入读取 XLS 文件的库和新建 Excel 文件的库
2#  wb=xlrd.open_workbook('Chapter-4-14-1.xls')  #读取工作簿
3#  nwb=xlwt.Workbook('utf-8')  #新建工作簿
4#  nws=nwb.add_sheet('统计结果')  #新建工作表
5#  nws.write(0,0,'季度')  #在新建的工作表中写入表头"季度"
6#  nws.write(0,1,'统计结果')  #在新建的工作表中写入表头"统计结果"
7#  nums=0  #初始化 nums 变量，其值为 0，用于累计存储每个人的业绩
8#  lst=[]  #初始化 lst 变量，其值为空列表，用于存放统计结果
9#  for ws in wb.sheets():  #循环读取 ws 工作簿中的每个工作表
10#    for row_num in range(1,ws.nrows):  #循环读取每个工作表中的行号
11#        name=ws.cell_value(row_num,0)  #读取 A 列中的姓名
```

```
12#          num=ws.cell_value(row_num,1) #读取 B 列中的业绩
13#          for n in num.split('、'): #对 B 列单元格中的业绩进行拆分
14#             nums +=int(n) #转换拆分的数字为整型，然后累加到 nums 变量
15#          lst +=[name+':'+str(nums)] #将姓名与 nums 结果连接，然后累加到 lst 列
    表
16#          nums=0 #重置 nums 变量，便于下次循环时使用
17#       nws.write(int(ws.name[1]),0,ws.name) #将姓名写入新工作表中的 A 列
18#       nws.write(int(ws.name[1]),1,'\n'.join(lst)) #将总业绩合并，写入新工作
    表中的 B 列
19#    lst=[] #重置 lst 变量，其值为空列表，便于存储下一个工作表数据
20# nwb.save('Chapter-4-14-2.xls') #保存新建的工作簿
```

第 1 行代码导入读取 XLS 文件的 xlrd 库和新建 Excel 文件的 xlwt 库。

第 2 行代码读取要处理的工作簿。

第 3 行和第 4 行代码用于新建工作簿，并在新建的工作簿中新建工作表，便于后续将统计结果写入。

第 5 行和第 6 行代码在新工作表中写入标题作为表头。

第 7 行和第 8 行代码初始化 nums 变量与 lst 变量。

第 9 行代码 for ws in wb.sheets():，循环工作簿中的每个工作表。

第 10~19 行代码是外层 for 循环的循环体。

第 13 行和第 14 行代码，for n in num.split('、'):是将 B 列单元格的数字拆分后循环，nums +=int(n)用来累加给 nums 变量，使用 int 函数是为了将文本型数字转换为整型数字。

第 15 行代码 lst +=[name+':'+str(nums)]，是将姓名与 nums 变量中的值进行连接，然后累加到 lst 列表中，便于后续对 lst 列表进行合并操作。

第 17 行和第 18 行代码是将工作表名写入新工作表中的 A 列，将 lst 列表合并后写入新工作表中的 B 列。其中，int(ws.name[1])做了一个取巧应用，就是将工作表名中的季度数字进行截取，使用 int 函数将其转换为整型数字，作为写入新工作表时的行号。

第 20 行代码是保存写入统计结果的新工作簿。

第 5 章

Python 有序对象——列表处理技术

列表是 Python 中最基本的数据结构。列表类似于数组，是数据的集合，集合内可以存放任何数据类型的数据，比如['张三', 19,[80,89,97,66]]。其中，第 0 个元素'张三'是字符串类型，第 1 个元素 19 是数字类型，第 2 个元素 [80,89,97,66] 是列表类型。

5.1　列表的创建与删除

列表用中括号（[]）表示，列表里的元素用逗号分隔。下面介绍列表的创建和删除，案例代码如下所示，代码在 "Chapter-5-1.py" 文件中。

```
1#  lst1=[];print(lst1)  #创建空列表方法1
2#  lst2=list();print(lst2)  #创建空列表方法2
3#  lst3=[1,2,3];print(lst3)  #创建多个元素的列表
4#  lst3.clear();print(lst3)  #清空列表中的所有元素
5#  del lst3  #删除lst3列表
```

第 1 行代码 lst1=[]，使用一对空的中括号创建空列表。运行 print(lst1)后，在屏幕上输出结果[]。

第 2 行代码 lst2=list()，使用 list 类创建一个空列表，运行 print(lst2)后，在屏幕上输出结果[]。

第 3 行代码 lst3=[1,2,3]，创建有多个元素的列表，运行 print(lst3)后，在屏幕上输出结果[1,2,3]。

第 4 行代码 lst3.clear()，清空 lst3 列表中的所有元素，运行 print(lst3)后，在屏幕上输出结果[]。

第 5 行代码 del lst3，使用 del 语句删除指定的列表。删除后，lst3 列表就不存在了。

5.2　列表切片

列表、字符串和元组对象都支持以索引序号的方式进行切片。

5.2.1　单元素切片

列表的切片方法与字符串的切片方法一样，语法结构为列表[索引位置]，索引位置的序号是从 0 开始的。下面是一个小案例，代码如下所示，代码在 "Chapter-5-2.py" 文件中。

```
1#  lst=['张三',19,[80,89,97]]  #要进行切片的列表
```

```
2# print(lst[0],lst[1],lst[2]) #以开头为基准切片，返回张三 19 [80, 89, 97]
3# print(lst[-1],lst[-2],lst[-3]) #以结尾为基准切片，返回 [80, 89, 97] 19 张三
```

第 2 行代码 print(lst[0],lst[1],lst[2])，其中 lst [0]、lst [1]、lst [2]表示以开头为基准，截取第 0、1、2 个元素，返回值是 "张三 19 [80, 89, 97]"。

第 3 行代码 print(lst[-1], lst[-2], lst[-3])，其中 lst[-1]、lst[-2]、lst[-3]表示以结尾为基准，截取倒数第 1、2、3 个元素。注意，第 1 个索引位置是从−1 开始的。返回值是 "[80, 89, 97] 19　张三"。

5.2.2　多元素切片

在列表中可以截取一部分元素，语法结构为列表[开始索引:结束索引:步长]。注意，切片的结果中不包含结束索引位置的元素。案例代码如下所示，代码在"Chapter-5-3.py"文件中。

```
1# lst=[7,3,12,54,6,9,88,2,47,33,55] #要做切片处理的列表
2# print(lst[2:5]) #以开头为基准切片，返回[12,54,6]
3# print(lst[-9:-6]) #以结尾为基准切片，返回[12,54,6]
4# print(lst[:4]) #以开头为基准切片，返回[7,3,12,54]
5# print(lst[:-7]) #以结尾为基准切片，返回[7,3,12,54]
6# print(lst[6:]) #以开头为基准切片，返回[88,2,47,33,55]
7# print(lst[-5:]) #以开头为基准切片，返回[88,2,47,33,55]
8# print(lst[5:-2])#开始索引以开头为基准切片，结束索引以结尾为基准切片，返回
   [9,88,2,47]
9# print(lst[-6:9])#开始索引以结尾为基准切片，结束索引以开头为基准切片，返回
   [9,88,2,47]
10#print(lst[:]) #截取整个列表切片，返回[7,3,12,54,6,9,88,2,47,33,55]
11#print(lst[::2]) #截取整个列表切片，步长为2，返回[7,12,6,88,47,55]
12#print(lst[::-1]) #截取整个列表切片，步长为-1，返回[55,33,47,2,88,9,6,54,
   12,3,7]
13#print(lst[::-2]) #截取整个列表切片，步长为-2，返回[55,47,88,6,12,7]
```

下面用表格整理上面案例第 2~9 行代码中几种常见的列表切片方式，如表 5-1 所示。

表 5-1　几种常见的列表切片方式

切 片 要 求	以开头为基准	以结尾为基准	返 回 值
从指定位置开始，截取到指定结束位置	print(lst[2:5])	print(lst[-9:-6])	[12,54,6]
从最左侧开始，截取到指定结束位置	print(lst[:4])	print(lst[:-7])	[7,3,12,54]
从指定位置开始，截取到最右侧	print(lst[6:])	print(lst[-5:])	[88,2,47,33,55]

续表

切 片 要 求	以开头为基准	以结尾为基准	返 回 值
开始索引以开头或结尾为基准，结束索引也以开头或结尾为基准	print(lst[5:-2])	print(lst[-6:9])	[9,88,2,47]

在切片列表时，也可以使用步长，默认步长为 1，如表 5-2 所示。

表 5-2　使用步长切片列表的方式

切 片 要 求	代　　码	返 回 值
从开头截取整个列表	print(lst[:])	[7,3,12,54,6,9,88,2,47,33,55]
从开头截取整个列表的奇数个元素	print(lst[::2])	[7,12,6,88,47,55]
从结尾截取整个列表	print(lst[::-1])	[55,33,47,2,88,9,6,54,12,3,7]
从结尾截取整个列表的奇数个元素	print(lst[::-2])	[55,47,88,6,12,7]

5.2.3　列表切片应用案例：按行对数据求平均值

本案例分数表中记录的是每个人 1~12 月的分数，现在要求计算每个人 12 个月的分数平均值并写入 N 列，如图 5-1 所示。

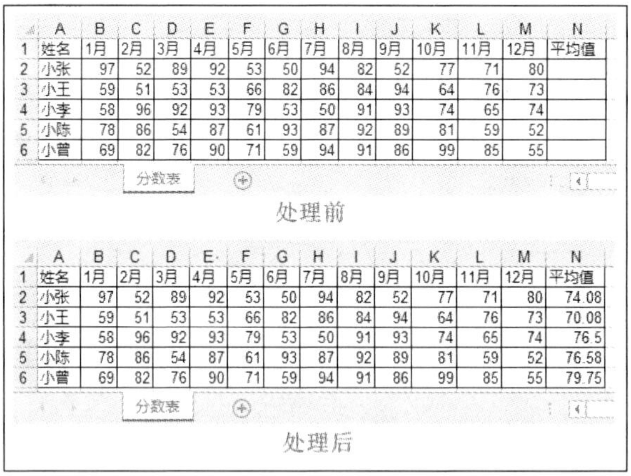

图 5-1　按行对数据求平均值

本案例的编程思路是读取出来的每行数据是列表，对列表截取 1~12 月的数字，其他的数据去掉，然后求平均值即可。

本案例代码如下所示，代码在 "Chapter-5-4.py" 文件中。

```
1# import xlrd #导入 XLS 文件读取库
```

```
2#  from xlutils.copy import copy #导入工作簿复制函数
3#  wb=xlrd.open_workbook('Chapter-5-4-1.xls') #读取工作簿
4#  ws=wb.sheet_by_name('分数表') #读取工作表
5#  nwb=copy(wb) #复制工作簿
6#  nws=nwb.get_sheet('分数表') #读取副本工作簿中的工作表
7#  for row_num in range(1,ws.nrows): #循环行号
8#      row_vals=ws.row_values(row_num) #根据行号读取每行的值
9#      avg_score=sum(row_vals[1:-1])/12 #对每行的分数求平均值
10#     fmt_score=round(avg_score,2) #将平均值四舍五入到小数点后两位
11#     nws.write(row_num,13,fmt_score) #将平均值写入 N 列中的单元格
12#nwb.save('Chapter-5-3-1.xls') #保存副本工作簿
```

第 1~6 行代码为读取和写入数据做准备。

第 7 行代码 for row_num in range(1,ws.nrows):，循环工作表的行号，然后赋值给 row_num 变量。

第 8 行代码 row_vals=ws.row_values(row_num)，根据行号读取每行的值，返回的结果是一个列表。例如，当 row_num 为 1 时，row_vals 变量的返回值是['小张', 97.0, 52.0, 89.0, 92.0, 53.0, 50.0, 94.0, 82.0, 52.0, 77.0, 71.0, 80.0, '']。

第 9 行代码 avg_score=sum(row_vals[1:-1])/12，其中 row_vals[1:-1]是对 1—12 月的分数进行截取，相当于将列表中第 0 个元素和最后 1 个元素去掉，然后使用 sum 函数求和，最后除以 12 计算出平均值。

第 10 行和第 11 行代码是对平均值做四舍五入处理，以及将结果写入 N 列中的单元格。

第 12 行代码用于保存副本工作簿。

5.3　列表元素的增加、删除和修改

列表在 Python 中的操作非常灵活，除可以对列表做切片外，还可以对列表进行增加、删除和修改元素等操作。

5.3.1　列表元素的修改

对列表中的元素进行修改，语法结构为列表[索引位置]=修改的值。案例代码如下

所示，代码在"Chapter-5-5.py"文件中。

```
1# lst=['张三',18,[100,90]] #被修改的列表
2# lst[0]='小明' #修改列表中的第 0 个元素
3# lst[1]='18 岁' #修改列表中的第 1 个元素
4# lst[2]=190 #修改列表中的第 2 个元素
5# print(lst) #在屏幕上输出修改后的 lst 列表
```

上述代码分别对 lst 列表中的第 0、1、2 个元素进行修改，最后使用 print 函数在屏幕上输出 lst 列表。lst 列表中的元素被修改后，lst 列表的值为['小明', '18 岁', 190]。

5.3.2 列表元素的增加

在列表中增加元素可以使用加运算符（+）、append 函数、extend 函数、insert 函数来完成，表 5-3 列出了不同的实现方法。

表 5-3　增加列表元素的几种方法

名　　称	语 法 结 构	注　　释
+	list +=list	使用加运算符的累积功能
append	append(object)	在列表末端增加一个元素
extend	extend(iterable)	在列表末端增加多个元素
insert	insert(index,object)	在列表指定位置增加一个元素

下面看看以上几种方法的小案例，代码如下所示，代码在"Chapter-5-6.py"文件中。

```
1# lst=['张三'] ;print(lst)#原始列表
2# lst +=['6 年级'];print(lst)  #使用累积功能增加元素
3# lst.append('9 班');print(lst) #使用 append 函数增加单个元素
4# lst.extend([85,96]);print(lst)#使用 extend 函数增加多个元素
5# lst.insert(3,'12 岁');print(lst)  #使用 insert 函数在列表指定位置插入元素
```

运行上面代码后的结果如图 5-2 所示。

```
Chapter-5-5
D:\Python\python.exe D:/PycharmProjects/Chapter-5
['张三']
['张三', '6年级']
['张三', '6年级', '9班']
['张三', '6年级', '9班', 85, 96]
['张三', '6年级', '9班', '12岁', 85, 96]
```

图 5-2　增加列表元素

第 2 行代码 lst +=['6 年级']，使用加运算符的累积赋值方法，运行 print(lst)后返回的结果为['张三', '6 年级']。使用此种方法得到的 lst 列表已经不是原来内存地址中的列表了，而是新的内存地址的列表，不过不影响最后的完成效果。

第 3 行代码 lst.append('9 班')，使用 append 函数增加元素，运行 print(lst)后返回的结果为['张三', '6 年级', '9 班']。

第 4 行代码 lst.extend([85,96])，使用 extend 函数增加元素，extend 函数的参数可以是列表、元组、集合等任何可迭代对象，运行 print(lst)后返回的结果为['张三', '6 年级', '9 班', 85, 96]。

第 5 行代码 lst.insert(3,'12 岁')，使用 insert 函数增加元素，运行 print(lst)后返回的结果为['张三', '6 年级', '9 班', '12 岁', 85, 96]。

对于本小节案例代码需要注意两点：

- 两句代码被写在了同一行，代码之间使用分号（;）分隔；
- 每行代码都在对 lst 列表增加元素，所以 lst 列表中的元素越来越多。

5.3.3　列表元素的删除

在列表中删除元素，可以使用 remove 函数、del 函数、pop 函数来完成，它们的语法结构及注释如表 5-4 所示。

表 5-4　删除列表元素的几种方法的语法结构及注释

名　称	语 法 结 构	注　释
remove	remove(object)	从列表中删除指定的元素，不是指定元素的位置
pop	pop()	默认删除列表中的最后一个元素
pop	pop(index)	删除列表中指定位置的元素
del	del	删除指定列表范围的元素

下面看看使用不同方法的小案例，代码如下所示，代码在 "Chapter-5-7.py" 文件中。

```
1# lst=['张三', '6 年级', '9 班', '12 岁', 85, 96];print(lst) #原始列表
2# lst.remove('12 岁');print(lst) #使用 remove 函数删除列表元素
3# lst.pop();print(lst) #使用 pop 函数删除列表中的最后一个元素
4# lst.pop(2);print(lst) #使用 pop 函数删除指定位置的元素
```

```
5#  del lst[1:];print(lst)  #使用del函数删除指定列表区域的元素
```

运行上面代码后的结果如图 5-3 所示。

第 2 行代码 lst.remove('12 岁')，使用 remove 函数删除列表元素，运行 print(lst)后的返回结果为['张三', '6 年级', '9 班', 85, 96]。如果要删除的元素在列表中出现多次，则只删除第一次出现的该元素。

第 3 行代码 lst.pop()，使用 pop 函数删除列表元素，运行 print(lst)后的返回结果为['张三', '6 年级', '9 班', 85]。如果没有指定元素的位置，则默认删除列表中的最后一个元素。

第 4 行代码 lst.pop(2)，使用 pop 函数删除第 2 个元素（'9 班'），运行 print(lst)后返回的结果为['张三', '6 年级', 85]。

第 5 行代码 del lst[1:]，使用 del 函数删除第 1 个元素之后的所有元素，运行 print(lst)后的返回结果为['张三']。

```
Chapter-5-6
D:\Python\python.exe D:/PycharmProjects/Cha
['张三', '6年级', '9班', '12岁', 85, 96]
['张三', '6年级', '9班', 85, 96]
['张三', '6年级', '9班', 85]
['张三', '6年级', 85]
['张三']
```

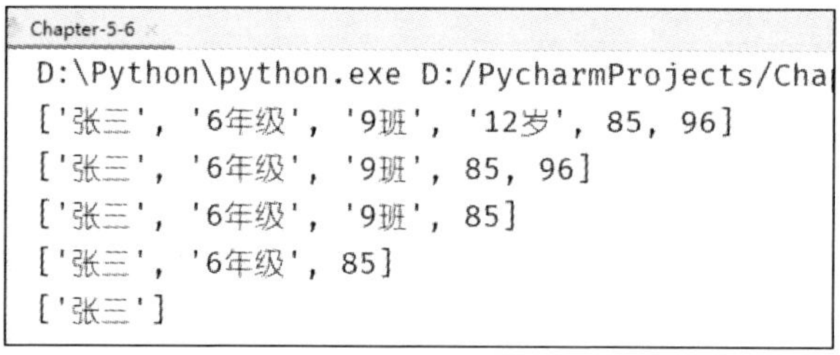

图 5-3　删除列表元素

5.3.4　列表综合应用案例：按行对分数求和

本案例对分数表中每个人 1~12 月的分数进行判断，对大于或等于 80 分的分数进行求和，然后写入 N 列的单元格，如图 5-4 所示。

本案例的编程思路是截取每行 1~12 月的数字做条件判断，将条件成立的数字添加到指定列表中，然后对列表求和，最后将求和的结果写入 N 列的单元格。

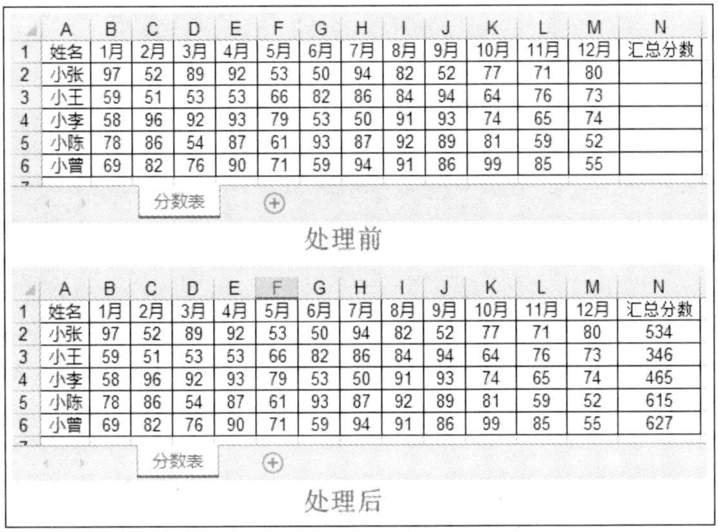

	A	B	C	D	E	F	G	H	I	J	K	L	M	N
1	姓名	1月	2月	3月	4月	5月	6月	7月	8月	9月	10月	11月	12月	汇总分数
2	小张	97	52	89	92	53	50	94	82	52	77	71	80	
3	小王	59	51	53	53	66	82	86	84	94	64	76	73	
4	小李	58	96	92	93	79	53	50	91	93	74	65	74	
5	小陈	78	86	54	87	61	93	87	92	89	81	59	52	
6	小曾	69	82	76	90	71	59	94	91	86	99	85	55	

分数表

处理前

	A	B	C	D	E	F	G	H	I	J	K	L	M	N
1	姓名	1月	2月	3月	4月	5月	6月	7月	8月	9月	10月	11月	12月	汇总分数
2	小张	97	52	89	92	53	50	94	82	52	77	71	80	534
3	小王	59	51	53	53	66	82	86	84	94	64	76	73	346
4	小李	58	96	92	93	79	53	50	91	93	74	65	74	465
5	小陈	78	86	54	87	61	93	87	92	89	81	59	52	615
6	小曾	69	82	76	90	71	59	94	91	86	99	85	55	627

分数表

处理后

图 5-4 按行对分数求和

本案例代码如下所示，代码在“Chapter-5-8.py”文件中。

```
1#  import xlrd #导入 XLS 文件读取库
2#  from xlutils.copy import copy #导入工作簿复制函数
3#  wb=xlrd.open_workbook('Chapter-5-8-1.xls') #读取工作表
4#  ws=wb.sheet_by_name('分数表') #读取工作表
5#  nwb=copy(wb);nws=nwb.get_sheet('分数表') #复制工作簿及读取副本的工作表
6#  lst=[] #初始化 lst 变量为空列表
7#  for row_num in range(1,ws.nrows): #循环读取每行数据
8#      row_vals=ws.row_values(row_num)[1:-1] #通过切片获取每行的数字区域
9#      for val in row_vals: #循环 row_vals 列表中的每个数字赋值给 val 变量
10#         if val>=80: #如果 val 变量中的数字大于或等于 80
11#             lst.append(val) #则将数字添加到 lst 列表
12#             lst +=[val] #将数字累积到 lst 列表
13#     nws.write(row_num,13,sum(lst)) #对 lst 列表求和并写入副本工作表的单元格
14#     lst=[] #重置 lst 变量为空列表
15#nwb.save('Chapter-5-7-1.xls') #保存工作簿
```

第 1~6 行代码为读取和写入数据做准备。

第 8 行代码 row_vals=ws.row_values(row_num)[1:-1]，根据行号读取每行的数据，返回的结果是一个列表。比如，当 row_num 变量为 1 时，row_vals 变量的返回值是['小张', 97.0, 52.0, 89.0, 92.0, 53.0, 50.0, 94.0, 82.0, 52.0, 77.0, 71.0, 80.0, '']，再通过切片获取分数部分。

第 9 行代码 for val in row_vals:，循环 row_vals 列表中每个数字并赋值给 val 变量，用于后面判断数字是否大于或等于 80。

第 10~12 行代码判断如果 val 变量的值大于或等于 80，则将 val 的值添加到 lst 列表中。使用 lst.append(val)或 lst +=[val]均可，这两行代码必须二选一。推荐使用 lst.append(val)方法。

第 13 行代码 nws.write(row_num,13,sum(lst))，对 lst 列表求和，然后写入 N 列的单元格。

第 15 行代码用于保存副本工作簿。

5.4　列表操作符

列表与列表之间可以进行连接、比较等操作，也可以对列表进行重复操作，还可以判断指定元素是否在列表中等，这些操作可能只需要使用一个符号就可以完成。

5.4.1　列表操作符基础

列表操作符有+、*、in 和比较运算符。下面列举几个小案例，代码如下所示，代码在 "Chapter-5-9.py" 文件中。

```
1# print([1,2,3]+[4,5]) #列表连接使用+运算符
2# print([1,2,3]*3) #列表重复使用*运算符
3# print(2 in [1,2,3]) #判断某个元素是否列表中
4# print([1,2,3]==[1,2,3]) #列表比较运算
5# print([1,2,3]<[1,3,2]) #列表比较运算
```

第 1 行代码 print([1,2,3]+[4,5])，表示连接两个列表，生成一个新列表，返回[1, 2, 3, 4, 5]。

第 2 行代码 print([1,2,3]*3)，表示对[1,2,3]重复 3 次，返回新列表[1, 2, 3, 1, 2, 3, 1, 2, 3]。

第 3 行代码 print(2 in [1,2,3])，判断列表[1,2,3]中是否存在 2，返回 True。

第 4 行代码 print([1,2,3]==[1,2,3])，判断两个列表是否相同，两个列表必须个数相

同、顺序相同、值相同，最后才能返回 True，否则返回 False。当前例子返回 True。

第 5 行代码 print([1,2,3]<[1,3,2])，对两个列表进行大小比较，比较方法是两个列表对应位置的元素逐个进行比较。当前例子返回 True。

5.4.2   列表操作符应用案例：按条件统计多工作表数据

本案例的上旬工作表、中旬工作表和下旬工作表记录了 2019 年 1 月每天表现最佳的 3 个人，现在要求统计"问问梅"在这 3 个工作表中出现的次数，也就是"问问梅"在上旬、中旬、下旬获得最佳表现的次数，如图 5-5 所示。

本案例的编程思路是分别对每个工作表的每一行进行判断，看"问问梅"是否存在，如果存在，则进行累加计数，最后将统计结果写入新工作簿的工作表。

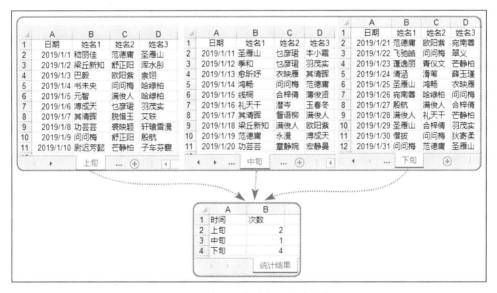

图 5-5   按条件统计多工作表数据

本案例代码如下所示，代码在"Chapter-5-10.py"文件中。

```
1#  import xlrd,xlwt #导入读取与写入 XLS 文件的库
2#  wb=xlrd.open_workbook('Chapter-5-10-1.xls') #读取工作簿
3#  nwb=xlwt.Workbook('utf-8') #新建工作簿
4#  nws=nwb.add_sheet('统计结果') #新建工作表
5#  nws.write(0,0,'时间');nws.write(0,1,'次数') #在新工作表中创建表头
6#  new_row_num,num=0,0 #初始化 new_row_num 变量和 num 变量，值均为 0
```

```
7#  for ws in wb.sheets(): #循环读取工作簿中的所有工作表
8#    for row_num in range(1,ws.nrows): #循环读取工作表中的每行
9#      if '问问梅' in ws.row_values(row_num): #如果"问问梅"在一行中出现
10#         num +=1 #则对 num 变量累加 1
11#      new_row_num +=1 #对 new_row_num 变量累加作为写入数据时的行号
12#      nws.write(new_row_num,0,ws.name) #将循环出来的工作表名写入新工作表的 A 列
13#      nws.write(new_row_num,1,num) #将 num 变量的值写入新工作表的 B 列
14#      num=0 #重置 num 变量，方便后续循环时重新计数
15#nwb.save('Chapter-5-10-2.xls') #保存新建的工作簿
```

第 1~6 行代码为读取和写入数据做准备。

第 8~10 行代码是核心部分，其中 if '问问梅' in ws.row_values(row_num)用来判断每行列表中是否包含"问问梅"，如果包含，则使用 num +=1 进行计数。

第 12 行和第 13 行代码将数据写入新建的工作表，将工作表名写入 A 列，将计数结果写入 B 列。

第 15 行代码用来保存新建的工作簿。

5.5　列表推导式

列表推导式在逻辑上相当于一个 for 循环语句，只是形式上更加简洁。列表推导式执行完成后会创建新的列表。无论列表推导式的写法如何变化，最后都会返回列表对象。如果循环的目的是将数据写入指定单元格，那么最好用标准的循环语句，而不要用列表推导式。

5.5.1　标准列表推导式

列表推导式的语法结构：[表达式 for 变量 in 列表]

例如，将['89','96','100','72']中的文本型数字转换为标准整数，可以使用列表推导式或 for 循环语句，代码如下所示，代码在"Chapter-5-11.py"文件中。

```
1#  # 原始列表
2#  lst=['89','96','100','72']
3#  #使用列表推导
4#  lst1=[int(n) for n in lst]
5#  print(lst1)
```

```
6#  #使用循环方式
7#  lst2=[]
8#  for n in lst:
9#     lst2.append(int(n))
10# print(lst2)
```

在第 4 行和第 5 行代码中，lst1=[int(n) for n in lst]表示将 lst 列表中的值循环出来，赋值给 n 变量，然后使用 int 函数将 n 变量中的值转换为整数，最后将新列表赋值给 lst1 变量。第 5 行代码 print(lst1)在屏幕上输出的结果为[89, 96, 100, 72]。

在使用标准的 for 循环语句时，也可以使用第 7~10 行代码来完成，最后 lst2 变量存储的是转换后的数字。第 10 行代码 print(lst2)在屏幕上输出的结果为[89, 96, 100, 72]。

5.5.2　列表推导式变异

如果推导列表中的元素不是单值，而是列表或其他可循环序列，则在使用列表推导式或 for 循环时，可以将要循环的元素拆分。比如列表[[1,2,5],[10,5,6],[8,5,3]]，此列表中的元素也是列表，假如求每个子列表的值的乘积，可以使用两种列表推导式和两种 for 循环语句完成，代码如下所示，代码在 "Chapter-5-12.py" 文件中。

```
1#  #原始列表
2#  lst=[[1,2,5],[10,5,6],[8,5,3]]
3#  #列表推导式 1
4#  lst1=[l[0]*l[1]*l[2] for l in lst]
5#  print(lst1)
6#  #列表推导式 2
7#  lst2=[x*y*z for x,y,z in lst]
8#  print(lst2)
9#  #循环方式 1
10# lst3=[]
11# for l in lst:
12#    lst3 +=[l[0]*l[1]*l[2]]
13# print(lst3)
14# #循环方式 2
15# lst4=[]
16# for x,y,z in lst:
17#    lst4 +=[x*y*z]
18# print(lst4)
```

第 1 种列表推导式（第 4 行和第 5 行代码）：首先看 lst1=[l[0]*l[1]*l[2] for l in lst]部分，l 表示循环出来的每个子列表，l[0]*l[1]*l[2]表示将子列表的第 0、1、2 个元素相乘。运行 print(lst1)，在屏幕上输出的结果为[10, 300, 120]。

第 2 种列表推导式（第 7 行和第 8 行代码）：首先看 lst2=[x*y*z for x,y,z in lst]部分，x、y、z 分别表示子列表的第 0、1、2 个元素，x*y*z 表示将它们相乘。运行 print(lst2)，在屏幕上输出的结果为[10, 300, 120]。

第 1 种 for 循环方式（第 10~13 行代码）与第 1 种列表推导式思路相同。

第 2 种 for 循环方式（第 15~18 行代码）与第 2 种列表推导式思路相同。

注意，每个子列表的元素个数必须相同，否则会出错。例如[[1,2],[3,4]]符合要求，而[[1,2],[3]]不符合要求。

5.5.3　嵌套列表推导式

嵌套列表推导式的语法结构：[表达式 for 变量 1 in 列表 1 for 变量 2 in 变量 1 for 变量 3 in 变量 2...]。可以多层嵌套，注意放在 in 后面的对象必须是可迭代对象。

例如，在列表[[1,2],[3,4,5],[6,7]]中有 3 个元素，每个元素也是列表，下面将这些列表元素合并放在同一个列表中，并且每个数字还要乘以 10，结果为[10, 20, 30, 40, 50, 60, 70]。

可以使用嵌套列表推导式或嵌套 for 循环语句实现，代码如下所示，代码在"Chapter-5-13.py"文件中。

```
1# #原始列表
2# lst=[[1,2],[3,4,5],[6,7]]
3# #使用嵌套列表推导
4# lst1=[v*10 for l in lst for v in l]
5# print(lst1)
6# #使用嵌套循环方式
7# lst2=[]
8# for l in lst:
9#     for v in l:
10#         lst2.append(v*10)
11# print(lst2)
```

在第 4 行和第 5 行代码中，代码 lst1=[v*10 for l in lst for v in l]在执行时首先运行 for l in lst，l 分别循环出[1,2]、[3,4,5]、[6,7] 3 个元素，再运行 for v in l，v 分别循环

出[1,2]中的 1、2，[3,4,5]中的 3、4、5，[6,7]中的 6、7，并将这些循环出来的数字乘以 10。第 5 行代码运行 print(lst1)，在屏幕上输出的结果为[10, 20, 30, 40, 50, 60, 70]。

如果使用标准的 for 循环语句，则可以使用第 7~11 行代码来完成，最后 lst2 变量存储的就是转换后的数字。运行第 11 行代码 print(lst2)，在屏幕上输出的结果为[10, 20, 30, 40, 50, 60, 70]。

如果不太理解嵌套列表推导式，则用第 7~11 行代码 for 循环语句的方式完成也是一种很好的方法。

5.5.4　条件列表推导式

条件列表推导式语法结构：[表达式 for 变量 in 列表 if 条件判断]

例如，对列表[85,68,98,74,95,82,93,88,74]进行筛选，筛选出大于或等于 90 的值，生成新的列表。下面分别使用条件列表推导式和 for 循环语句来实现，代码如下所示，代码在 "Chapter-5-14.py" 文件中。

```
1#  #原始列表
2#  lst=[85,68,98,74,95,82,93,88,74]
3#  #使用条件列表推导式
4#  lst1=[n for n in lst if n>=90]
5#  print(lst1)
6#  #使用条件循环方式
7#  lst2=[]
8#  for n in lst:
9#      if n>=90:
10#         lst2.append(n)
11# print(lst2)
```

第 4 行代码 lst1=[n for n in lst if n>=90]，for n in lst 后面的 if n>=90 表示当条件成立时，n 变量保留。运行第 5 行代码 print(lst1)，屏幕上的输出结果为[98, 95, 93]。

第 7~10 行代码，是在 for 循环体中使用 if 语句完成判断。运行第 11 行代码 print(lst2)，屏幕上的输出结果为[98, 95, 93]。

5.5.5　列表推导式应用案例 1：自动汇总多工作表数据

本案例对工作簿中 "1 月" "2 月" "3 月" 工作表的 B 列数据进行求和，然后写入新工作簿的新工作表，如图 5-6 所示。

本案例的编程思路是循环工作簿中的每个工作表，再获取每个工作表 B 列的数据，然后进行求和，最后写入新工作簿的工作表。

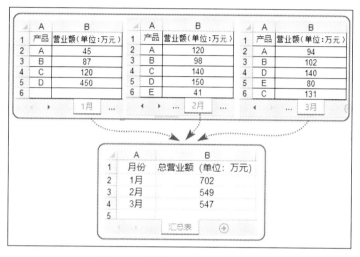

图 5-6　自动汇总多工作表数据

本案例代码如下所示，代码在 "Chapter-5-15.py" 文件中。

```
1#  import xlwt,xlrd #导入读取与写入 XLS 文件的库
2#  wb=xlrd.open_workbook('Chapter-5-15-1.xls') #读取工作簿
3#  nwb=xlwt.Workbook('uft-8');nws=nwb.add_sheet('汇总表') #新建工作簿与工作表
4#  lst=[[ws.name,sum(ws.col_values(1)[1:])] for ws in wb.sheets()] #对工作表中 B 列的数据求和
5#  row_num=0 #初始化 row_num 变量，其值为 0
6#  for rows in [['月份','总营业额']]+lst: #将表头连接到 lst 列表前面并开始循环
7#      nws.write(row_num,0,rows[0]) #将月份写入 A 列
8#      nws.write(row_num,1,rows[1]) #将每个月的总营业额写入 B 列
9#      row_num +=1 #累加 row_num 变量并作为写入数据时的行号
10# nwb.save('Chapter-5-15-2.xls') #保存新工作簿
```

第 1~3 行代码为读取和写入数据做准备。

第 4 行代码 lst=[[ws.name,sum(ws.col_values(1)[1:])] for ws in wb.sheets()]，其中 for ws in wb.sheets() 用来循环读取工作簿中的每个工作表，再赋值给 ws 变量。ws.name 用来获取工作表名称，sum(ws.col_values(1)[1:]) 用来获取工作表 B 列的数据并进行求

和。整个列表推导式的处理要求是将工作表名称与总金额组成列表，整行代码运行的结果是将[['1 月', 702.0], ['2 月', 549.0], ['3 月', 547.0]]赋值给 lst 变量。

第 5~9 行代码是将获取的 lst 列表中的值写入新工作表。

第 10 行代码用来保存新建的工作簿。

5.5.6　列表推导式应用案例 2：汇总多工作簿数据

汇总指定文件夹中所有工作簿下所有工作表 B 列的数据，然后写入新工作簿的工作表，如图 5-7 所示。

本案例的编程思路是循环读取每个工作簿中每个工作表 B 列的数据，然后进行求和。

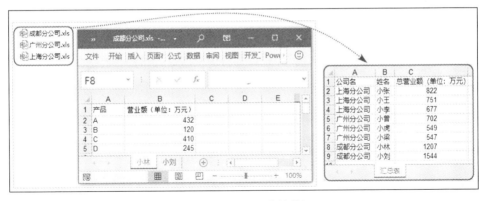

图 5-7　汇总多工作簿数据

本案例代码如下所示，代码在 "Chapter-5-16.py" 文件中。

```
1#  import os,xlwt,xlrd #导入操作系统接口模块、XLS 文件读取库与写入库
2#  files=os.listdir('销售表') #获取"销售表"文件夹中的所有工作簿名称
3#  lst=[[file.split('.')[0],ws.name,sum(ws.col_values(1)[1:])] for file
    in files for ws in xlrd.open_workbook('销售表/'+file).sheets()] #对工作
    簿中工作表的 B 列数据进行求和
4#  lst=[['公司名','姓名','总营业额']]+lst #将表头连接到 lst 列表前面
5#  nwb=xlwt.Workbook('utf-8');nws=nwb.add_sheet('汇总表') #新建工作簿与工作
    表
6#  row_num=0 #初始化 row_num 变量，其值为 0
7#  for l in lst: #循环 lst 列表中的每个元素
8#      nws.write(row_num,0,l[0]) #将公司名写入 A 列
```

```
9#      nws.write(row_num,1,l[1]) #将工作表名写入 B 列
10#     nws.write(row_num,2,l[2]) #将每个人的业绩写入 C 列
11#     row_num +=1 #累加 row_num 变量并作为写入数据时的行号
12# nwb.save('Chapter-5-16-1.xls') #保存新建的工作簿
```

第 1 行代码 import os,xlwt,xlrd，其中 os 表示导入操作系统接口模块，此模块是内置的，无须安装，主要是为了使用其中的 listdir 函数。

第 2 行代码 files=os.listdir('销售表')，表示获取"销售表"文件夹中的所有文件名。当前"销售表"文件夹中只有工作簿，所以获取了所有工作簿名称。将工作簿名称赋值给 files 变量，files 变量中的值为['上海分公司.xls', '广州分公司.xls', '成都分公司.xls']。

第 3 行代码 lst=[[file.split('.')[0],ws.name,sum(ws.col_values(1)[1:])] for file in files for ws in xlrd.open_workbook('销售表/'+file).sheets()]，这行代码是嵌套列表推导式结构。先看 for file in files 部分，它循环获得工作簿名称并赋值给 file 变量；再看 for ws in xlrd.open_workbook('销售表/'+file).sheets()部分，它循环读取工作簿中所有工作表对象，然后赋值给 ws 变量；最后看[file.split('.')[0],ws.name,sum(ws.col_values(1)[1:])]部分，file.split('.')[0]是获取的工作簿名称，不要扩展名，ws.name 是获取的工作表名称，sum(ws.col_values(1)[1:]是求和工作表 B 列的营业额。最终 lst 变量获得的值为[['上海分公司', '小张', 822.0], ['上海分公司', '小王', 751.0], ['上海分公司', '小李', 677.0], ['广州分公司', '小曾', 702.0], ['广州分公司', '小虎', 549.0], ['广州分公司', '小梁', 547.0], ['成都分公司', '小林', 1207.0], ['成都分公司', '小刘', 1544.0]]。

第 5 行代码用来新建工作簿与工作表，目的是把 lst 变量中的值写入新工作簿的新工作表。

从第 6 行代码开始都是将 lst 变量中的数据写入工作表的操作，这里不再赘述。

5.6 列表的转换

前面学习了列表的切片，以及列表元素的添加、删除、修改等操作，如果想将其他对象转换为列表，或者想对列表的位置、顺序等进行调整，又该如何操作呢？

5.6.1　类对象转换 list

在处理数据时有时需要将其他对象转换为列表，比如将元组、集合、字典转换为
列表，任何可迭代对象均可直接或间接地转换为列表。要完成这些转换可以使用 list
类，对类进行实例化可以创建对象，因此可以通过 list 类来创建列表对象。

类语法：

list([iterable])

参数说明：

iterable：可选参数，可迭代对象。

下面是其他常见对象转换为列表的例子,代码如下所示,代码在"Chapter-5-17.py"
文件中。

```
1#  print(list()) #创建空列表
2#  print(list('123')) #将字符串转换为单个字符的列表
3#  print(list((1,2,3))) #将元组转换为列表
4#  print(list({1,2,3})) #将集合转换为列表
5#  print(list({'a':1,'b':2,'c':3})) #将字典中的键转换为列表
```

第 1 行代码 print(list())，创建空列表，结果为[]。

第 2 行代码 print(list('123'))，将字符串'123'转换为单个字符的列表，结果为['1', '2',
'3']。

第 3 行代码 print(list((1,2,3)))，将元组(1,2,3)转换为列表[1, 2, 3]。

第 4 行代码 print(list({1,2,3}))，将集合{1,2,3}转换为列表[1, 2, 3]。

第 5 行代码 print(list({'a':1,'b':2,'c':3}))，将字典{'a':1,'b':2,'c':3}中的键转换为列表['a',
'b', 'c']。

其中，元组、集合、字典这几种对象暂时还没有介绍到，它们也是 Python 中的重
要对象，在这里暂时知道可以将它们转换为列表对象就可以了。

5.6.2 反转列表 reverse

要将列表中的元素反转，可以使用 reverse 函数。

函数语法：

reverse ()

参数说明：

该函数没有参数，可以对列表中的元素进行反向排序。

例如，要将[1,2,3]转换为[3,2,1]，可以使用 reverse 函数，代码如下所示，代码在"Chapter-5-18.py"文件中。

```
1# lst=[1,2,3,4] #提供的列表
2# lst.reverse() #反转 lst 列表
3# print(lst) #在屏幕上输出 lst 列表
```

第 2 行代码 lst.reverse()直接对 lst 列表使用 reverse 函数。注意，此函数没有任何参数，直接 reverse()即可。

5.6.3 列表复制 copy

列表的复制分为浅复制和深复制。浅复制只引用对象的内存地址，而深复制是重新开辟一个新的内存空间，得到完全独立的新对象。浅复制使用的是 copy 函数。

函数语法：

copy ()

参数说明：

该函数没有参数。

copy 函数的案例代码如下所示，代码在"Chapter-5-19a.py"文件中。

```
1# #列表中的元素是单值
2# lst1=[1,2,3,4] #被复制的列表
3# lst2=lst1.copy() #浅复制 lst1 列表并赋值给 lst2 变量
4# lst1[3]=100 #修改 lst1 中的元素，也可以修改 lst2 中的元素
5# print(lst1,lst2) #输出浅复制前后两个列表的数据
```

```
6#  #列表中的元素是容器型元素
7#  lst3=[1,[2,3],4]  #被复制的列表,注意列表的第1个元素[2,3]也是列表
8#  lst4=lst3.copy()  #浅复制lst3列表并赋值给lst4变量
9#  lst3[1][0]=100  #修改lst3中的元素,也可以修改lst4中的元素
10#print(lst3,lst4)  #输出浅复制前后两个列表的数据
```

先看看当列表中的元素是单值时,在复制列表时的变化。

第 2 行代码 lst1=[1,2,3,4]是准备要复制的列表。

第 3 行代码 lst2=lst1.copy(),表示对 lst1 列表进行复制,然后赋值给变量 lst2。

第 4 行代码 lst1[3]=100,对 lst1 列表中的第 3 个元素进行修改,将原来的 4 修改为 100。

第 5 行代码 print(lst1,lst2),在屏幕上输出 lst1 和 lst2 两个列表,返回值为[1, 2, 3, 100] [1, 2, 3, 4]。对比一下结果,lst1 的第 3 个元素与 lst2 的第 3 个元素不一致,原因是原来 lst1[3]中对象 4 的内存地址换成了对象 100 的内存地址,而 lst2[3]还是引用原来对象 4 的内存地址,引用的内存地址没有跟着变化成对象 100 的内存地址。

再看看当列表中的元素是容器型元素时,在复制列表时的变化。

第 7 行代码 lst3=[1,[2,3],4]是准备要复制的列表。

第 8 行代码 lst4=lst3.copy(),对 lst3 列表进行复制,然后赋值给变量 lst4。

第 9 行代码 lst3[1][0]=100,对 lst3 列表中第 1 个元素的第 0 个元素进行修改,将原来的 2 修改为 100。

第 10 行代码 print(lst3,lst4),在屏幕上输出 lst3 和 lst4 两个列表,返回值为[1, [100, 3], 4] [1, [100, 3], 4]。对比一下结果,发现 lst3 和 lst4 的结果完全一样,原因是复制列表时引用的是列表元素的内存地址,比如 lst3 中的第 1 个元素[2, 3],此元素也是一个列表,程序会在内存中给该列表分配一个内存地址。虽然使用 lst3[1][0]=100 将其中的 2 修改为 100,但外层列表分配的内存地址没有变,所以最后返回的结果还是一样的。

如果希望复制出的新列表与原来的列表没有任何关联,则可以使用深复制。深复制要先导入 copy 标准模块,然后使用中 copy 模块中的 deepcopy 函数。

函数语法:

deepcopy(x)

参数说明：

x：必选参数，被深复制的对象。

deepcopy 函数的案例代码如下所示，代码在"Chapter-5-19b.py"文件中。

```
1# #列表中的元素是单值
2# import copy #导入复制模块
3# lst1=[1,2,3,4] #被复制的列表
4# lst2=copy.deepcopy(lst1) #使用复制模块下的深复制方法来复制 lst1 并赋值给 lst2
5# lst1[3]=100 #修改 lst1 中的元素，也可以修改 lst2 中的元素
6# print(lst1,lst2) #对比深复制前后两个列表的数据
7# #列表中的元素是容器型元素
8# lst3=[1,[2,3],4] #被复制的列表
9# lst4=copy.deepcopy(lst3) #使用复制模块下的深复制方法来复制 lst3 并赋值给 lst4
10#lst3[1][0]=100 #修改 lst3 中的元素，也可以修改 lst4 中的元素
11#print(lst3,lst4) #对比深复制前后两个列表的数据
```

以上代码与"Chapter-5-19a.py"文件中的代码基本相同，只是在第 4 行和第 9 行代码中，将原来的浅复制函数修改成了深复制函数。复制后的新列表与原来的列表没有任何关联，因为深复制为新列表开辟了新的内存地址，而不是引用原来列表元素的内存地址。因此，无论是修改原列表中的元素，还是修改新列表中的元素，彼此都不会受影响。

5.6.4　列表组合 zip

zip 函数是 Python 中的一个内建函数，它接收一系列可迭代的对象作为参数，将对象中对应的元素打包成一个个 tuple（元组），然后返回由这些元组组成的一个可迭代对象。

函数语法：

zip(*iterables)

参数说明：

iterables：至少 1 个可迭代对象。

下面是 zip 函数的使用案例，代码如下所示，代码在"Chapter-5-20.py"文件中。

```
1#  l=[['a','b','c'],[1,2,3]] #要重新组合的列表
2#  lst1=list(zip(l[0],l[1])) #将要转换的值分别放到 zip 函数的不同参数位置
3#  print(lst1) #在屏幕上输出重新组合后的 lst1
4#  lst2=list(zip(*l)) #直接将整个 l 列表放到 zip 函数中
5#  print(lst2) #在屏幕上输出重新组合后的 lst2
6#  lst3=list(zip(*lst2)) #再组合回原来的结构
7#  print(lst3) #在屏幕上输出重新组合后的 lst3
```

第 2 行代码 lst1=list(zip(l[0],l[1]))，将 l[0]和 l[1]分别放入 zip 函数的第 1 个和第 2 个参数中，如果后面还有数据，可以继续放入第 3 个、第 4 个参数中。zip(l[0],l[1]) 转换出的是一个可迭代对象<zip object at 0x00000247618012C8>，这种可迭代对象的优势是不占用内存空间，在需要时才获取其中的数据，比如使用循环语句获取其中的元素，或者使用 list 类将其转换为列表，具体处理方式依据具体情况而定。

第 3 行代码 print(lst1)，在屏幕上输出的结果为[('a', 1), ('b', 2), ('c', 3)]。

第 4 行代码 lst2=list(zip(*l))，直接将 l 变量中的列表放到 zip 参数中，这种表达方式需要在列表前面加*。最后 lst2 返回的结果与 lst1 返回的结果是一样的。

第 5 行代码 print(lst2)，在屏幕上输出的结果为[('a', 1), ('b', 2), ('c', 3)]。

第 6 行代码 lst3=list(zip(*lst2))，用同样的表达方式将 lst1 列表或 lst3 列表转换回去。返回的结果与 l 变量中的列表结构相同。

第 7 行代码 print(lst3)，在屏幕上输出的结果为[('a', 'b', 'c'), (1, 2, 3)]，与 l 变量中的[['a','b','c'],[1,2,3]]结构相同，只不过列表中的元素由原来的列表类型变成了元组类型。

5.6.5　列表转换应用案例：给名单中的姓名添加序号

要求在"员工表"工作表中 B 列的每个姓名前面添加序号，如图 5-8 所示。

本案例的编程思路是先将 B 列名单拆分成列表，然后将序号列表与姓名列表组合成新列表，最后合并新列表即可。

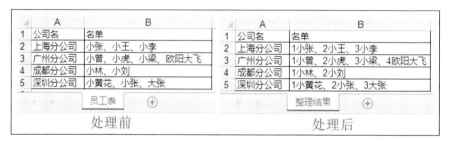

图 5-8 给名单中的姓名添加序号

本案例代码如下所示，代码在 "Chapter-5-21.py" 文件中。

```
1#  import xlrd,xlwt #导入 XLS 文件的读取库与写入库
2#  wb=xlrd.open_workbook('Chapter-5-21-1.xls');ws=wb.sheet_by_name('员工
    表') #读取工作簿与工作表
3#  nwb=xlwt.Workbook('uft-8');nws=nwb.add_sheet('整理结果') #新建工作簿与工
    作表
4#  nws.write(0,0,'公司名');nws.write(0,1,'名单') #将表头写入新工作表的第 1 行
5#  for row_num in range(1,ws.nrows): #循环行号
6#      val1=ws.cell_value(row_num,0) #读取"员工表"A 列数据
7#      val=ws.cell_value(row_num,1) #读取"员工表"B 列数据
8#      lst1=val.split('、') #将 B 列数据按'、'拆分
9#      zip_iter=zip(range(1,len(lst1)+1),lst1) #组合序号列表与名单列表
10#     lst2=[str(num)+name for num,name in zip_iter] #将序号与姓名合并，生成
    列表
11#     val2='、'.join(lst2) #将生成的 lst2 列表用'、'合并
12#     nws.write(row_num,0,val1) #将公司名写入新工作表的 A 列
13#     nws.write(row_num,1,val2) #将 val2 的值写入新工作表的 B 列
14# nwb.save('Chapter-5-19-2.xls') #保存新工作簿
```

第 1~4 行代码为数据处理做准备工作。

第 5 行代码循环工作表的可用行号，也就是按行处理数据。

第 6 行和第 7 行代码分别读取"员工表"A 列和 B 列单元格的值。

第 8~11 行代码是关键技术。下面以 B2 单元格中的字符串'小张、小王、小李'为例讲解代码。

第 8 行代码 lst1=val.split('、')，拆分结果为['小张','小王','小李']，并赋值给 lst1 变量。

第 9 行代码 zip_iter=zip(range(1,len(lst1)+1),lst1)，其中 range(1,len(lst1)+1)部分获取的值相当于列表[1,2,3]， len(lst1)用于计算列表中的元素个数，相当于 zip([1,2,3], ['

小张', '小王', '小李'])，转换后相当于列表[(1, '小张'), (2, '小王'), (3, '小李')]。但只是相当于，并不是，因为 zip 函数返回的是可迭代对象，最后将结果赋值给 zip_iter 变量。

第 10 行代码 lst2=[str(num)+name for num,name in zip_iter]，使用的是列表推导式，for 后面的 num 和 name 分别代表从 zip_iter 中循环出来的序号和姓名。str(num)+name 是将循环出来的序号与姓名合并。结果为['1 小张', '2 小王', '3 小李']，并将生成的新列表赋值给 lst2 变量。

第 11 行代码 val2='、'.join(lst2)，表示以 "、" 为分隔符将 lst2 列表进行合并，结果为字符串'1 小张、2 小王、3 小李'，然后赋值给 val2 变量。

第 12 行和第 13 行代码分别将 val1 变量中的公司名写入新工作表的 A 列，将处理好的 val2 变量的名单写入新工作表的 B 列。

第 14 行代码用来保存新工作簿。

注意，该案例中的有些代码可以合并处理，但为了提高易读性，也为了让读者能更好地厘清代码逻辑，有些地方把代码做了拆分。

5.7   列表常用统计方式

用户经常会对列表进行各种汇总统计，本节就来讲解列表的求和、求平均值、计数等统计函数，以及按条件对列表元素进行计数、位置查找等。

5.7.1   常用统计函数 1

可以对列表进行一些常见的统计操作，比如计数、求和、求最大值、求最小值、求平均值。这些统计函数都比较简单，下面看看它们的应用，代码如下所示，代码在"Chapter-5-22.py"文件中。

```
1#  lst=[100,99,81,86]  #被处理的列表
2#  print(len(lst))  #计数处理
3#  print(sum(lst))  #求和处理
4#  print(max(lst))  #求最大值处理
5#  print(min(lst))  #求最小值处理
6#  print(sum(lst)/len(lst))  #求平均值处理
```

第 2 行代码 print(len(lst))是对 lst 列表计数。在 4.2.1 节统计字符串长度中讲解过 len 函数，只不过这里对象为列表。

第 3 行代码 print(sum(lst))是对 lst 列表求和，sum 函数比较简单，在前面章节的一些案例中已经使用过了。

第 4 行代码 print(max(lst))是对 lst 列表求最大值。

第 5 行代码 print(min(lst))是对 lst 列表求最小值。

第 6 行代码 print(sum(lst)/len(lst))是对 lst 列表求平均值。Python 没有内置的求平均值函数，只能用求和结果除以元素个数来获取平均值。

实际上，len、sum、max、min 函数可以对所有可迭代的对象进行统计，比如后面将学习的元组、集合等都可以使用这些函数。

5.7.2 列表统计应用案例 1：统计每个人全年工资信息

对“工资表”工作表中每个人 1～12 月的工资进行统计，分别统计每个人的工资总计、月份总数、平均工资、最高工资和最低工资，如图 5-9 所示。

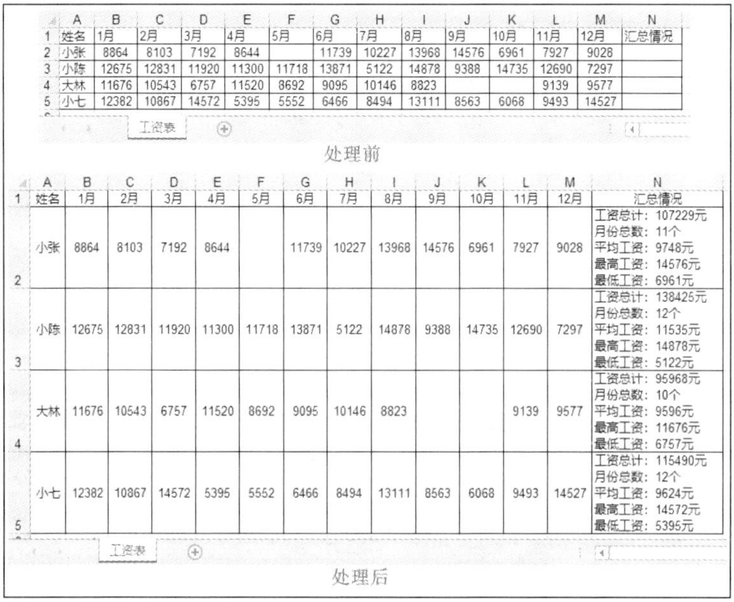

	A	B	C	D	E	F	G	H	I	J	K	L	M	N
1	姓名	1月	2月	3月	4月	5月	6月	7月	8月	9月	10月	11月	12月	汇总情况
2	小张	8864	8103	7192	8644		11739	10227	13968	14576	6961	7927	9028	
3	小陈	12675	12831	11920	11300	11718	13871	5122	14878	9388	14735	12690	7297	
4	大林	11676	10543	6757	11520	8692	9095	10146	8823			9139	9577	
5	小七	12382	10867	14572	5395	5552	6466	8494	13111	8563	6068	9493	14527	

工资表

处理前

	A	B	C	D	E	F	G	H	I	J	K	L	M	N
1	姓名	1月	2月	3月	4月	5月	6月	7月	8月	9月	10月	11月	12月	汇总情况
2	小张	8864	8103	7192	8644		11739	10227	13968	14576	6961	7927	9028	工资总计：107229元 月份总数：11个 平均工资：9748元 最高工资：14576元 最低工资：6961元
3	小陈	12675	12831	11920	11300	11718	13871	5122	14878	9388	14735	12690	7297	工资总计：138425元 月份总数：12个 平均工资：11535元 最高工资：14878元 最低工资：5122元
4	大林	11676	10543	6757	11520	8692	9095	10146	8823			9139	9577	工资总计：95968元 月份总数：10个 平均工资：9596元 最高工资：11676元 最低工资：6757元
5	小七	12382	10867	14572	5395	5552	6466	8494	13111	8563	6068	9493	14527	工资总计：115490元 月份总数：12个 平均工资：9624元 最高工资：14572元 最低工资：5395元

工资表

处理后

图 5-9　统计每个人全年工资信息

　　本案例的编程思路是分别对每行的工资数据求和、计数、求平均值、求最大值、求最小值，然后与各项统计名称和各单位组合，最后合并成字符串写入单元格。

　　本案例代码如下所示，代码在 "Chapter-5-23.py" 文件中。

```
1#  import xlrd #导入读取库 xlrd
2#  from xlutils.copy import copy #导入工作簿复制函数
3#  wb=xlrd.open_workbook('Chapter-5-21-1.xls');ws=wb.sheet_by_name('工资
    表')  #读取工作簿和工作表
4#  nwb=copy(wb);nws=nwb.get_sheet('工资表') #复制工作簿并读取副本工作簿中的工作
    表
5#  for row_num in range(1,ws.nrows): #循环可用行号
6#      lst=[v for v in ws.row_values(row_num)[1:-1] if v!=''] #获取每行工资
    数据列表
7#      name=['工资总计','月份总数','平均工资','最高工资','最低工资']  #统计名称
8#      units=['元','个','元','元','元']  #统计单位
9#      total=[sum(lst),len(lst),sum(lst)/len(lst),max(lst),min(lst)]  #统
    计结果
10#     lst1=['{}:{}{}'.format(x,int(y),z) for x,y,z in zip(name,total,units)]
    #用列表推导式将 name、untis、total 三个列表合并成一个列表
11#     txt='\n'.join(lst1)  #合并 lst1 列表为一个字符串
12#     nws.write(row_num,13,txt)  #将 txt 变量中的值写入副本工作簿中的工作表
13#nwb.save('Chapter-5-23-1.xls')  #保存副本工作簿
```

　　第 1~4 行代码为统计数据做读取和写入的准备工作。

　　第 5 行代码循环工作表的可用行号，也就是按行处理数据。

　　第 6 行代码 lst=[v for v in ws.row_values(row_num)[1:-1] if v!='']，使用列表推导式筛选每行列表中不等于空的数据，因为有的人在某个月份没有工资，然后将结果赋值给 lst 变量。

　　第 7 行代码 name=['工资总计','月份总数','平均工资','最高工资','最低工资']，使用列表存储各项统计名称，然后赋值给 name 变量。

　　第 8 行代码 units=['元','个','元','元','元']，使用列表存储各项统计名称对应的单位，然后赋值给 units 变量。

　　第 9 行代码 total=[sum(lst),len(lst),sum(lst)/len(lst),max(lst),min(lst)]，使用函数计算出各统计项目的值，然后赋值给 total 变量。注意，name、untis、total 三个列表中对应的元素位置要一致。

第 10 行代码 lst1=['{}：{}{}'.format(x,int(y),z) for x,y,z in zip(name,total,units)]，使用列表推导式将 name、untis、total 三个列表合并成一个列表，然后赋值给 lst1 变量。

第 11 行代码 txt='\n'.join(lst1)，用回车符做分隔符把 lst1 列表合并成字符串，然后赋值给 txt 变量。

第 12 行代码 nws.write(row_num,13,txt)，将 txt 变量的值写入 N 列对应的单元格中。

第 13 行代码用来保存副本工作簿。

5.7.3　常用统计函数 2

在列表中，要统计指定元素在列表中出现的次数，可以使用 count 函数；要统计指定元素在列表中出现的位置，可以使用 index 函数。这两个函数的案例代码如下所示，代码在"Chapter-5-24.py"文件中。

```
1# lst=['a','b','c','b','b'] #被处理的列表
2# print(lst.count('b')) #统计'b'在列表中出现的次数
3# print(lst.index('b')) #统计'b'在列表中第 1 次出现的位置
```

第 2 行代码 print(lst.count('b'))，统计'b'在 lst 列表中出现的次数，返回值为 3。

第 3 行代码 print(lst.index('b'))，统计'b'在列表中第 1 次出现的位置，返回值为 1。index 函数的第 2 个和第 3 个参数可以用来指定起止位置。

5.7.4　列表统计应用案例 2：按等级做计数统计

统计"成绩表"工作表中每个人获得优、良、中、差四个等级的次数，如图 5-10 所示。

本案例的编程思路是用优、良、中、差四个等级循环对每行数据进行计数统计，然后将结果合并，最后写入 H 列。

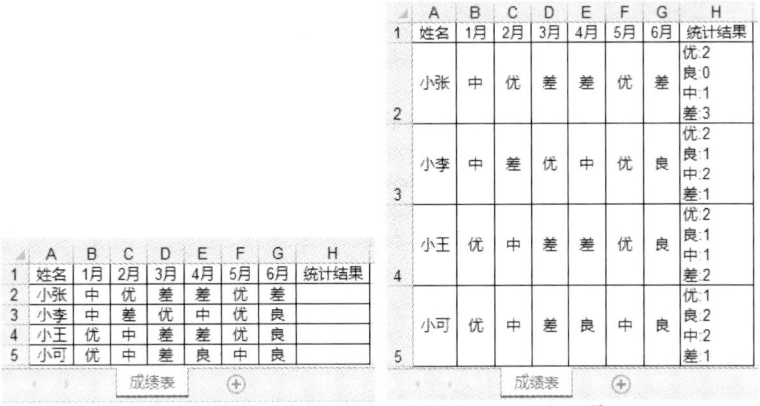

处理前

	A	B	C	D	E	F	G	H
1	姓名	1月	2月	3月	4月	5月	6月	统计结果
2	小张	中	优	差	差	优	差	
3	小李	中	差	优	中	优	良	
4	小王	优	中	差	差	优	良	
5	小可	优	中	差	良	中	良	

处理后

	A	B	C	D	E	F	G	H
1	姓名	1月	2月	3月	4月	5月	6月	统计结果
2	小张	中	优	差	差	优	差	优:2 良:0 中:1 差:3
3	小李	中	差	优	中	优	良	优:2 良:1 中:2 差:1
4	小王	优	中	差	差	优	良	优:2 良:1 中:1 差:2
5	小可	优	中	差	良	中	良	优:1 良:2 中:2 差:1

图 5-10 按等级做计数统计

本案例代码如下所示，代码在“Chapter-5-25.py”文件中。

```
1#  import xlrd #导入读取库 xlrd
2#  from xlutils.copy import copy #导入工作簿复制函数
3#  wb=xlrd.open_workbook('Chapter-5-25-1.xls');ws=wb.sheet_by_name('成绩表') #读取工作簿和工作表
4#  nwb=copy(wb);nws=nwb.get_sheet('成绩表') #复制工作簿并读取副本工作簿中的工作表
5#  for row_num in range(1,ws.nrows): #循环可用行号
6#      lst=ws.row_values(row_num)[1:-1] #获取每行数据列表
7#      level=['优','良','中','差'] #列出要判断的等级
8#      l=[v+':'+str(lst.count(v)) for v in level] #用列表推导式统计每个等级的个数
9#      nws.write(row_num,7,'\n'.join(l)) #将统计结果写入副本工作表的 H 列
10# nwb.save('Chapter-5-25-1.xls') #保存副本工作簿
```

第 1~4 行代码为统计数据做读取和写入的准备工作。

第 5 行代码循环工作表的可用行号，也就是按行处理数据。

第 6 行代码 lst=ws.row_values(row_num)[1:-1]，获取每行的数据列表。

第 7 行代码 level=['优','良','中','差']，将每个等级名称存储到列表中。

第 8 行代码 l=[v+':'+str(lst.count(v)) for v in level]，用列表推导式统计每个等级在 lst 列表中出现的次数，并把等级连接到前面，然后赋值给 l 列表。

第 9 行代码 nws.write(row_num,7,'\n'.join(l))，用回车符做分隔符将 l 列表合并成字符串，并写入副本工作表的 H 列单元格。

第 10 行代码用来保存副本工作簿。

第 6 章

Python 有序对象——元组处理技术

什么是元组？Python 中的元组与列表类似，同属序列类型，都可以按照特定顺序存放一组数据，数据类型不受限制，切片方式也相同。元组与列表的区别在于元组存储的数据不能被修改，比如不能对元组的元素进行添加、删除。可以将元组看作是只读属性的列表。

为什么要使用元组？虽然元组在操作上没有列表灵活，但元组占用的内存空间更小，存取速度更快。所以，某些内置函数的返回值是元组类型。比如，前面学习的 zip 函数，迭代出来的每个元素就是元组。

6.1 元组的创建与删除

元组用小括号（()）表示，元组里的元素用逗号分隔。下面介绍元组的创建和删除方法，代码如下所示，代码在"Chapter-6-1.py"文件中。

```
1#  tup1=();print(tup1) #创建空元组方法 1
2#  tup2=tuple();print(tup2) #创建空元组方法 2
3#  tup3=(1,2,3);print(tup3) #创建多个元素的元组
4#  tup4=(100,);print(tup4) #创建单个元素的元组
5#  del tup3 #删除元组
```

第 1 行代码 **tup1=()**，使用一对空小括号。运行 **print(tup1)**后，屏幕上的输出结果为()。

第 2 行代码 **tup2=tuple()**，使用 tuple 类创建元组。运行 **print(tup2)**后，屏幕上的输出结果为()。

第 3 行代码 **tup3=(1,2,3)**，在小括号中输入元组的元素。运行 **print(tup3)**后，屏幕上的输出结果为(1, 2, 3)。

第 4 行代码 **tup4=(100,)**，在小括号中输入元组的元素。注意，如果元组中的元素只有一个，则需要在这个元素的后面添加逗号，否则程序不能正确识别。运行 **print(tup4)**后，屏幕上的输出结果为(100,)。

第 5 行代码 **del tup3**，使用 del 语句删除指定的元组。删除后，**tup3** 元组就不存在了。

6.2 元组的基本操作

元组虽然没有列表灵活，但一些基本的操作还是可以实现的，比如切片、合并、循环、推导、转换等。

6.2.1 元组的合并

元组的合并非常简单。比如 **tup=(1,2,3)+(4,5,6)**，输出结果为(1,2,3,4,5,6)。这种合并方式是比较好理解的。而对于累积式合并，很多读者会有疑惑，下面举一个例子，

代码如下所示，代码在"Chapter-6-2.py"文件中。

```
1#  tup=(1,2,3) #元组
2#  print(id(tup),tup) #合并前在屏幕上输出元组的内存地址和元组
3#  tup +=(4,5,6) #将 tup 元组与(4,5,6)合并
4#  print(id(tup),tup) #合并后在屏幕上输出元组的内存地址和元组
```

第 1 行代码 tup=(1,2,3)，这是最开始的元组。

第 2 行代码 print(id(tup),tup)，输出 tup 元组的内存地址和 tup 元组的值，返回结果为"2382958184472 (1, 2, 3)"。

第 3 行代码 tup +=(4,5,6)，将 tup 元组与(4,5,6)合并，再赋值给 tup。

第 4 行代码 print(id(tup),tup)，再次输出 tup 元组的内存地址和 tup 元组的值，返回结果为"2382958104296 (1, 2, 3, 4, 5, 6)"。

对比合并前后的输出结果，合并前 tup 的内存地址是 2382958184472，合并后 tup 的内存地址是 2382958104296。这两个内存地址不同，说明 tup 变量标识符已经从 2382958184472 转换绑定到 2382958104296。也就是说，用户看到的 tup 变量没有变化，但它绑定的内存地址已经变了。如果不明白其中的道理，就会觉得元组也是可以修改的。

> 注意，代码中的 id 用于获取对象的内存地址，而且内存地址会动态变化。如果用户在计算机上测试上面的代码，则 id 可能与书上的 id 不同。这不重要，只要合并前后两个 id 的值不同就可以了。

6.2.2　元组的复制

元组也可以进行深复制和浅复制，只不过浅复制只能使用 copy 模块中的浅复制。下面看看元组复制的一些特性，代码如下所示，代码在"Chapter-6-3.py"文件中。

```
1#  import copy #导入复制模块
2#  tup1=(1,2,3) #准备要复制的元组
3#  tup2=copy.copy(tup1) #浅复制 tup1 元组并赋值给 tup2 变量
4#  tup3=copy.deepcopy(tup1) #深复制 tup1 元组并赋值给 tup3 变量
5#  print(id(tup1),id(tup2),id(tup3)) #在屏幕上输出 tup1、tup2、tup3 三个元组的
    内存地址
6#
```

```
7#  tup4=(1,[2],3) #准备要复制的元组
8#  tup5=copy.copy(tup4) #浅复制 tup4 元组并赋值给 tup5 变量
9#  tup6=copy.deepcopy(tup4) #深复制 tup4 元组并赋值给 tup6 变量
10#print(id(tup4),id(tup5),id(tup6)) #在屏幕上输出 tup4、tup5、tup6 三个元组的内
    存地址
```

先看元组的元素为不可变类型的对象时的情况。

第 2 行代码 tup1=(1,2,3)，元组中的每个元素都是不可变类型的对象，此元组是准备被复制的对象。

第 3 行代码 tup2=copy.copy(tup1)，此代码使用了 copy 模块中的浅复制 copy 函数，并且将复制结果赋值给 tup2 变量。

第 4 行代码 tup3=copy.deepcopy(tup1)，此代码使用了 copy 模块中的深复制 deepcopy 函数，并且将复制结果赋值给 tup3 变量。

第 5 行代码 print(id(tup1),id(tup2),id(tup3))，在屏幕上输出 tup1、tup2、tup3 的内存地址，结果为 "2328759322728 2328759322728 2328759322728"。观察返回结果，可以发现 3 个元组的内存址相同。

再看元组的元素为可变类型的对象时的情况。

第 7 行代码 tup4=(1,[2],3)，其中的[2]是可变类型的对象，此元组是准备被复制的对象。

第 8 行代码 tup5=copy.copy(tup4)，此代码使用了 copy 模块中的浅复制 copy 函数，并且将复制结果赋值给 tup5 变量。

第 9 行代码 tup5=copy.copy(tup4)，此代码使用了 copy 模块中的深复制 deepcopy 函数，并且将复制结果赋值给 tup6 变量。

第 10 行代码 print(id(tup4),id(tup5),id(tup6))，在屏幕上输出 tup4、tup5、tup6 的内存地址，结果为 "2328759323128 2328759323128 2328760171720。" 观察返回结果，可以发现 tup4 和 tup5 的内存地址相同，而 tup6 的内存地址与其他两个内存地址不同。

因此，当元组中有不可变类型的对象时，执行深复制和浅复制都不会再开辟内存空间，用的是同一个内存地址；当元组中有可变类型的对象时，执行深复制会重新开辟一块内存空间。

6.2.3　元组的循环

元组也可以像列表一样做元组推导式和 for 循环，比如将元组(1,2,3)的每个元素乘10，再返回一个新元组，可以分别使用元组推导式和 for 循环语句完成，代码如下所示，代码在"Chapter-6-4.py"文件中。

```
1# tup=(1,2,3) #被循环的元组
2# tup1=(t*10 for t in tup) #元组推导式
3# print(tup1) #在屏幕上输出 tup1 元组
4# print(tuple(tup1)) #将 tup1 生成器转换为元组
5#
6# tup2=() #创建空元组
7# for t in tup: #循环 tup 元组中的元素
8#     tup2 +=(t*10,) #将 tup 中的元素乘 10，再积累并合并到 tup2 变量
9# print(tup2) #在屏幕上输出 tup2 元组
```

第 1 行代码 tup=(1,2,3)是被循环的元组，也可以是其他可迭代对象。

先看看使用元组推导式进行循环处理的情况。

第 2 行代码 tup1=(t*10 for t in tup)，用元组推导式循环出每个元素，再乘 10，然后将推导结果赋值给 tup1 变量。

第 3 行代码 print(tup1)，在屏幕上输出 tup1 元组，结果为"<generator object <genexpr> at 0x000001F7BE98D5C8>"。也就是说，元组推导式的结果不是元组，而是生成器，生成器也是可迭代对象。

第 4 行代码 print(tuple(tup1))，使用 tuple 类对象将 tup1 转换为元组，返回结果为 (10, 20, 30)。

再看看使用 for 循环语句进行处理的情况。

第 6 行代码 tup2=()，新建一个空元组。

第 7 行代码 for t in tup:，循环 tup 元组中的每个元素。

第 8 行代码 tup2 +=(t*10,)，将循环出来的元素乘 10，再积累并合并到 tup2 变量。

第 9 行代码 print(tup2)，在屏幕上输出 tup2，返回结果为(10, 20, 30)。

6.2.4　类对象转换

在 Python 中，可以使用 tuple 类对象创建或转换一个元组对象，比如创建空元组，以及将字符串、列表、集合、字典这些可迭代对象转换为元组。

类语法：

tuple ([iterable])

参数说明：

iterable：可选参数，要转换为元组的可迭代序列。

下面看几个转换的例子，代码如下所示，代码在"Chapter-6-5.py"文件中。

```
1#  print(tuple('123'))  #将字符串转换为单个字符的元组
2#  print(tuple([1,2,3]))  #将列表转换为元组
3#  print(tuple({1,2,3}))  #将集合转换为元组
4#  print(tuple({'a':1,'b':2,'c':3}))  #将字典中的键转换为元组
```

第 1 行代码 print(tuple('123'))，将字符串'123'转换为单个字符元素组成的元组，结果为('1', '2', '3')。

第 2 行代码 print(tuple([1,2,3]))，将列表[1, 2, 3]转换为元组(1,2,3)。

第 3 行代码 print(list({1,2,3}))，将集合{1,2,3}转换为元组(1, 2, 3)。

第 4 行代码 print(list({'a':1,'b':2,'c':3}))，将字典{'a':1,'b':2,'c':3}中的键转换为元组('a', 'b', 'c')。

6.2.5　元组应用案例：将单列数据转换为多行多列数据

本案例将单列数据转换成多行多列数据，并且在每个姓名前面添加序号，如图 6-1 所示。本案例要转换为多少列，可以由用户指定。

本案例的编程思路是先根据总人数确定转换为几行几列，再对应生成行号、列号和序号，然后在对应的单元格中写入姓名即可。

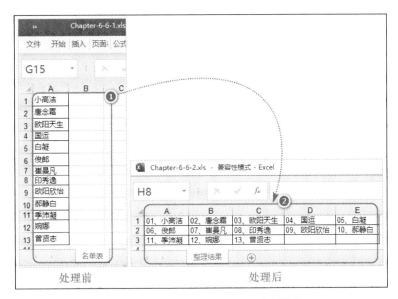

图 6-1　将单列数据转换为多行多列数据

本案例代码如下所示，代码在 "Chapter-6-6.py" 文件中。

```
1#  import xlrd,xlwt #导入 XLS 文件的读取库与写入库
2#  wb=xlrd.open_workbook('Chapter-6-6-1.xls');ws=wb.sheet_by_name('名单
    表') #读取工作簿和工作表
3#  nwb=xlwt.Workbook('utf-8');nws=nwb.add_sheet('整理结果') #新建工作簿和工
    作表
4#  col_count=int(input("输入每行存放的姓名个数：")) #由用户确认转换成多少列
5#  row_count=ws.nrows//col_count if ws.nrows%col_count==0 else
    ws.nrows//col_count+1 #获取行数
6#  col_num=tuple(range(0,col_count))*row_count #生成列号元组
7#  row_num=(v2 for v1 in ((r,)*col_count for r in range(0,row_count)) for
    v2 in v1) #生成行号元组
8#  col_val=ws.col_values(0) #获取要转换的列数据
9#  num=tuple (range(1,ws.nrows+1)) #获取序号
10#for r,c,n,v in zip(row_num,col_num,num,col_val): #使用 zip 函数对行号、列
    号、序号、姓名进行转换并组合，再循环出来
11#    nws.write(r,c,'{:02}、{}'.format(n,v)) #将 r、c 分别作为写入单元格的行号、
    列号，对 n、v 中的序号和姓名进行格式化后写入单元格
12#nwb.save('Chapter-6-6-2.xls') #保存新建的工作簿
```

第 1~3 行代码为读取与写入数据做准备。

第 4 行代码 col_count=int(input("输入每行存放的姓名个数："))，使用 input 函数

让用户输入要转换的列数，然后赋值给 col_count 变量，本案例输入的列数为 5 列。

第 5 行代码 row_count=ws.nrows//col_count if ws.nrows%col_count==0 else ws.nrows//col_count+1，根据 col_count 提供的列数计算行数。通过 ws.nrows 计算出总人数，已经指定了列数为 5，如果总人数除列数的结果为整数，则返回整数；如果结果有小数，则向上进位到整数部分。本案例是 13 除 5，等于 2.6，进位到 3。将 3 赋值给 row_count 变量，也就是转换为 3 行。

第 6 行代码 col_num=tuple(range(0,col_count))*row_count，生成需要的所有列号，返回的结果为(0, 1, 2, 3, 4, 0, 1, 2, 3, 4, 0, 1, 2, 3, 4)，然后赋值给 col_num 变量。

第 7 行代码 row_num=(v2 for v1 in ((r,)*col_count for r in range(0,row_count)) for v2 in v1)，生成需要的所有行号。此行代码稍显复杂。先看((r,)*col_count for r in range(0,row_count))部分，如果生成元组，则结果是((0, 0, 0, 0, 0), (1, 1, 1, 1, 1), (2, 2, 2, 2, 2))。这个结果是元组嵌套元组，所以再使用嵌套元组推导式将它合并成一个整体，整行代码运行的结果相当于(0, 0, 0, 0, 0, 1, 1, 1, 1, 1, 2, 2, 2, 2, 2)，再将结果赋值给 row_num 变量。

第 8 行代码 col_val=ws.col_values(0)，获取"名单表"工作表中 A 列的所有姓名，结果为列表['小高洁', '唐念霜', '欧阳天生', '国运', '白凝', '俊郎', '崔曼凡', '印秀逸', '欧阳欣怡', '郝静白', '季沛凝', '婉娜', '曾贤志']，再赋值给 col_val 变量。

第 9 行代码 num=tuple (range(1,ws.nrows+1))，此行代码获取序号，有多少人就有多少个序号。结果为(1, 2, 3, 4, 5, 6, 7, 8, 9, 10, 11, 12, 13)，再赋值给 num 变量。

第 10 行代码 for r,c,n,v in zip(row_num,col_num,num,col_val):，使用 zip 函数将获取的所有行号、列号、序号、姓名进行转换并组合，转换结果相当于((0, 0, 1, '小高洁'), (0, 1, 2, '唐念霜'), (0, 2, 3, '欧阳天生'), (0, 3, 4, '国运'), (0, 4, 5, '白凝'), (1, 0, 6, '俊郎'), (1, 1, 7, '崔曼凡'), (1, 2, 8, '印秀逸'), (1, 3, 9, '欧阳欣怡'), (1, 4, 10, '郝静白'), (2, 0, 11, '季沛凝'), (2, 1, 12, '婉娜'), (2, 2, 13, '曾贤志'))。r、c、n、v 变量分别表示循环出来的行号、列号、序号、姓名。

第 11 行代码 nws.write(r,c,'{:02}、 {}'.format(n,v))，将序号与姓名进行格式化，然后写入新工作表对应的单元格。

第 12 行代码用来保存新建的工作簿。

6.3　元组常用统计函数

　　元组的统计函数与列表的统计函数相同，这里做一下简单介绍，案例代码如下所示，代码在"Chapter-6-7.py"文件中。

```
1#  tup=(50,60,74,63,50,95,74,80,50) #被统计的元组
2#  print(len(tup)) #计数
3#  print(max(tup)) #求最大值
4#  print(min(tup)) #求最小值
5#  print(sum(tup)) #求和
6#  print(tup.count(50)) #条件计数
7#  print(tup.index(80)) #条件定位
```

第 7 章

Python 无序对象——字典处理技术

本章讲解字典的基础，字典健值的增加、删除和修改，以及将其他序列对象转换为字典的不同方法。

　　说到字典，人们最先想到的是学习中使用的各种字典，如图 7-1 所示为《新华字典》中的一页。字典的特点是按照规则列出一个个字，然后对每个字进行读音注释、解释、组词、造句等。

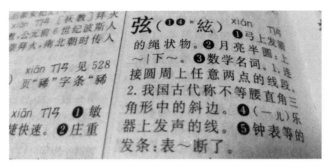

图 7-1　《新华字典》

　　在 Python 中也引入了字典这个概念，其解释方式与字典的解释方式相似。如图 7-1 中的"弦"字，用 Python 中的字典可以表示为{ '弦': 'xián①弓上发箭的绳状物……'}。通过个例子可以发现，Python 中的字典是放在花括号中的，字和说明之间用冒号（:）分隔。

　　Python 中字典的标准表示方法为{key:value,……}。

　　key（键）在字典中必须具有唯一性，且必须是不可变对象，如字符串、数字或元组。

　　value（值）可以重复，也可以是任何数据类型，如字符串、元组、列表、集合等。

　　字典是无序的，只能通过键来存取对应的值，而不能像列表那样通过索引位置来存取对应的值。

7.1　字典的基础操作

　　本节将讲解创建字典及对字典进行存取操作的方法。通过一些相关的小案例，介绍在处理 Excel 数据时如何应用字典。

7.1.1 字典的创建与删除

下面介绍字典的创建与删除，案例代码如下所示，代码在"Chapter-7-1.py"文件中。

```
1#  dic1=dict();print(dic1)  #使用dict类创建空字典
2#  dic2=dict(王五=22,麻子=24);print(dic2)  #使用dict类创建字典
3#  dic3={};print(dic3)  #直接使用{}创建空字典
4#  dic4={'张三':18,'李四':20};print(dic4)  #直接使用{}创建字典
5#  del dic4  #删除指定的字典
```

第 1 行代码 dic1=dict()，使用 dict 类创建空字典。运行 print(dic1)后，屏幕上的输出结果为{}。

第 2 行代码 dic2=dict(王五=22,麻子=24)，使用 dict 类创建字典，并且在字典中创建两对键值。运行 print(dic2)后，屏幕上的输出结果为{'王五': 22, '麻子': 24}。

第 3 行代码 dic3={}，使用{}创建空字典。运行 print(dic3)后，屏幕上的输出结果为{}。

第 4 行代码 dic4={'张三':18,'李四':20}，使用{}创建字典。运行 print(dic4)后，屏幕上的输出结果为{'张三': 18, '李四': 20}。

第 5 行代码 del dic4，删除指定的字典，删除后 dic4 字典对象将不存在。

7.1.2 字典中键值的获取

想获取字典中每个键对应的值，该怎么办？想获取字典中所有的键或所有的值，又该如何操作？案例代码如下所示，代码在"Chapter-7-2.py"文件中。

```
1#  dic={'张三': 18, '李四': 20}  #准备的字典
2#  print(dic['李四'])  #获取指定键对应的值
3#  print(dic.keys())  #获取字典的所有键
4#  print(dic.values())  #获取字典的所有值
5#  print(dic.items())  #获取字典的所有键和值
```

第 2 行代码 print(dic['李四'])，其中 dic['李四']表示获取 dic 字典中键名为'李四'对应的值，返回结果为 20。

第 3 行代码 print(dic.keys())，其中 dic.keys()表示获取 dic 字典中的所有键，返回

结果为 dict_keys(['张三', '李四'])，可以使用 list 转换为列表['张三', '李四']，也可以使用 tuple 转换为元组('张三', '李四')。

第 4 行代码 print(dic.values())，其中 dic.values()表示获取 dic 字典中的所有值，返回结果为 dict_values([18, 20])，可以使用 list 转换为列表[18, 20]，也可以使用 tuple 转换为元组(18, 20)。

第 5 行代码 print(dic.items())，其中 dic.items()表示获取 dic 字典中的所有键和值，返回结果为 dict_items([('张三', 18), ('李四', 20)])，可以使用 list 转换为列表[('张三', 18), ('李四', 20)]，也可以使用 tuple 转换为元组(('张三', 18), ('李四', 20))。

7.2 字典键值的修改、增加和删除

字典键值的修改、增加、删除与前面讲解的列表、元组的相关操作类似，但是也有不同之处，下面分别讲解。

7.2.1 字典键值的增加

向字典中增加更多的键值，一般使用 update 函数，也可以用修改键值的方式操作。看看下面的小例子，代码如下所示，代码在"Chapter-7-3.py"文件中。

```
1#  dic={} #空字典
2#  dic.update(李四=88);print(dic) #使用 update 函数向 dic 字典中添加键值 方法 1
3#  dic.update({'麻子':96});print(dic) #使用 update 函数向 dic 字典中添加键值 方法 2
4#  dic['张三']=99;print(dic) #通过修改方法向 dic 字典中添加键值
```

第 2 行代码 dic.update(李四=88)，使用 update 函数向 dic 字典中添加键值，函数中的参数写法为"键=值"。运行 print(dic)后，返回结果为{'李四': 88}。

第 3 行代码 dic.update({'麻子':96})，同样使用 update 函数向 dic 字典中添加一对键值，运行 print(dic)后，返回结果为{'李四': 88, '麻子': 96}。

第 4 行代码 dic['张三']=99，如果在 dic 字典中存在'张三'这个键，则表示修改键对应的值；如果不存在，则表示向字典中添加一对键值。因为 dic 字典中没有'张三'，所以运行 print(dic)后，返回结果为{'李四': 88, '麻子': 96, '张三': 99}。

7.2.2 字典键值的删除

删除字典键值可以使用 pop 函数、clear 函数和 del 语句。下面是删除字典键值的小例子，代码如下所示，代码在 "Chapter-7-4.py" 文件中。

```
1#  dic={'张三':84,'李四':88,'王二':79,'麻子':99} #准备的字典
2#  print(dic.pop('张三'));print(dic) #删除指定键值
3#  del dic['李四'];print(dic) #删除指定键值
4#  dic.clear();print(dic) #清空字典
```

第 2 行代码 print(dic.pop('张三'))，其中 dic.pop('张三')表示使用 pop 函数删除 dic 字典中'张三'这个键及对应的值，删除时还可以返回对应键的值。print(dic.pop('张三')) 返回 84。运行 print(dic)的返回结果为{'李四': 88, '王二': 79, '麻子': 99}，字典里面没有 '张三'这个键值对，表示已经被删除。

第 3 行代码 del dic['李四']，表示使用 del 语句删除 dic 字典中'李四'这个键及对应的值。运行 print(dic)后，返回结果为{'王二': 79, '麻子': 99}。

第 4 行代码 dic.clear()，表示清空 dic 字典中所有的键值，也可以使用 dic={}方式来表示。运行 print(dic)后，返回结果为{}。

7.2.3 字典键值的修改

修改字典中键对应的值，表示方法为：字典名[键]=修改的值。如果是修改键呢？实际上没有直接修改键的方法，可以使用间接的方式，表示方法为：字典名[新键]= 字典名.pop(旧键)。案例代码如下所示，代码在 "Chapter-7-5.py" 文件中。

```
1#  dic={'张三':20,'李四':18,'麻子':35} #准备的字典
2#  dic['张三']=100;print(dic) #修改键值中的值
3#  dic['王五']=dic.pop('李四');print(dic) #修改键值中的键
```

第 2 行代码 dic['张三']=100，表示将键名'张三'对应的值修改为 100。运行 print(dic) 后，返回结果为{'张三': 100, '李四': 18, '麻子': 35}。可以看到，'张三'的值从原来的 20 变成了 100。

第 3 行代码 dic['王五']=dic.pop('李四')，这行代码的意思是将'李四'这个键名修改为'王五'。先看 dic['王五']部分，在字典中并没有'王五'这个键，没有则变成添加。等号后面的值表示这个键对应的值，现在这个值是由 dic.pop('李四')返回，意思是删除'李

四'这个键，但在删除的同时也会返回对应的值。所以 dic.pop('李四')在被删除时，会返回对应的 18，将 18 作为'王五'这个键的值，相当于 dic['王五']=18。在运行 print(dic)后，返回结果为{'张三': 100, '麻子': 35, '王五': 18}。这行代码的本质是先删除键值，再增加键值。

7.2.4   字典键值应用案例 1：提取各班最后一条记录

本案例获取"分数表"工作表中每个班的最后一条记录，将结果写入新工作簿的工作表，如图 7-2 所示。

本案例的编程思路是将"班级"列的名称作为字典的键，将"姓名"列的名字作为字典的值，循环写入即可，循环完成后，字典中的键值就是所需的结果。

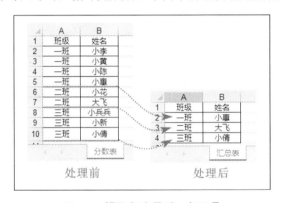

图 7-2   提取各班最后一条记录

本案例代码如下所示，代码在"Chapter-7-6.py"文件中。

```
1# import xlwt,xlrd #导入 XLS 文件的写入库和读取库
2# wb=xlrd.open_workbook('Chapter-7-6-1.xls');ws=wb.sheet_by_name('分数表') #读取工作簿与工作表
3# nwb=xlwt.Workbook('utf-8');nws=nwb.add_sheet('汇总表') #新建工作簿与工作表
4# dic,row_num=dict(),0 #将 dic 变量初始化为空字典，将 row_num 变量初始化为 0
5# for cls,name in ws.get_rows(): #循环指定工作表的所有行
6#     dic[cls.value] =name.value #新建或修改字典
7# for key,item in dic.items(): #循环字典中的键值对
8#     nws.write(row_num,0,key) #将字典中的键写入 A 列
9#     nws.write(row_num,1,item) #将字典中的值写入 B 列
10#    row_num +=1 #累加 row_num 变量
11#nwb.save('Chapter-7-6-2.xls') #保存新建的工作簿
```

第 1~4 行代码为数据的读取和写入做准备。

第 5 行代码 for cls,name in ws.get_rows():循环每行数据。其中 ws.get_rows()表示以行的形式读取"分数表"工作表中所有已使用的行数据，返回的是一个可迭代对象。用户可以尝试在 ws.get_rows()外层写一个 list 或 tuple 来转换，看看数据的表现形式。cls 表示班级对象，name 表示姓名对象。

第 6 行代码 dic[cls.value] =name.value，表示以 cls.value 为键、以 name.value 为对应的值进行修改。如果不存在指定的键值，则变成增加。

第 7 行代码 for key,item in dic.items():，其中 dic.items()表示返回 dic 字典中所有的键值，即 dict_items([('班级', '姓名'), ('一班', '小惠'), ('二班', '大飞'), ('三班', '小倩')])，key 表示 dic 字典中的键，item 表示 dic 字典中的值，然后循环写入新工作表的单元格。

第 8~10 行代码是循环体中的代码，将 key 中的班级写入 A 列，将 item 中的姓名写入 B 列。

第 11 行代码用来保存新建的工作簿。

7.2.5　字典键值应用案例 2：按姓名求总分与平均分

本案例要求统计"分数表"工作表中每个人的总分和平均分，如图 7-3 所示。

本案例的编程思路是将姓名作为键，将值组成一个列表，将分数添加到列表中，然后对每个键对应的值做统计，也就是对列表求和、求平均值。

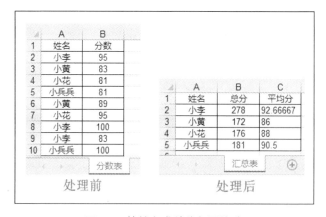

图 7-3　按姓名求总分与平均分

本案例代码如下所示，代码在"Chapter-7-7.py"文件中。

```
1#  import xlrd,xlwt #导入 XLS 文件的读取库与写入库
2#  wb=xlrd.open_workbook('Chapter-7-7-1.xls');ws=wb.sheet_by_name('分数
    表') #读取工作簿和工作表
3#  nwb=xlwt.Workbook('utf-8');nws=nwb.add_sheet('汇总表') #新建工作簿和工作
    表
4#  nws.write(0,0,'姓名');nws.write(0,1,'总分');nws.write(0,2,'平均分') #给
    新建工作表写入表头数据
5#  dic,row_num={},0 #初始化 dic 变量为空字典、num 变量为 0
6#  for name,score in ws.get_rows(): #读取"分数表"工作表已使用的所有行
7#      if not name.value in dic: #如果指定的键在字典中不存在
8#          dic[name.value] = [score.value]  #则将姓名作为键，将分数作为值，新建
    一个键值对
9#      else: #否则
10#         dic[name.value].append(score.value) #将分数添加到键对应的值中
11# for key,item in tuple(dic.items())[1:]: #循环字典中的键值
12#     row_num +=1 #累加 row_num 变量
13#     nws.write(row_num,0,key) #将姓名写入新工作表 A 列
14#     nws.write(row_num,1,sum(item)) #将总分写入新工作表 B 列
15#     nws.write(row_num,2,sum(item)/len(item)) #将平均分写入新工作表 C 列
16# nwb.save('Chapter-7-7-2.xls') #保存新建的工作簿
```

第 1~5 行代码为数据的读取和写入做准备。

第 6 行代码 for name,score in ws.get_rows():，循环每行数据。其中，ws.get_rows() 用来获取"分数表"工作表中已使用的所有行，每行以列表形式存储数据。因为每行只有两个值，所以 name 表示获取姓名，score 表示获取分数。

第 7~10 行代码是第 6 行代码循环体中的语句，首先使用 if not name.value in dic: 语句判断 name.value 在 dic 字典中是否不存在，如果不存在，则执行 dic[name.value] = [score.value]语句，表示向 dic 字典中添加键值对，注意键对应的值是列表，分数被放在列表中；如果存在，则执行 dic[name.value].append(score.value)语句，向键对应的列表中添加分数元素。

第 11 行代码 for key,item in tuple(dic.items())[1:]:，其中，tuple(dic.items())[1:]返回的结果为(('小李', [95.0, 100.0, 83.0]), ('小黄', [83.0, 89.0]), ('小花', [81.0, 95.0]), ('小兵兵', [81.0, 100.0])),，可以看到元组中的每个元素也是一个元组，可以叫作子元组，子元组中的第 0 个元素是姓名，第 1 个元素是列表，列表中的元素是分数。key 表示姓名，item 表示分数。

第 12~15 行代码，循环将姓名、总分、平均分写入新工作表。

第 16 行代码用来保存新工作簿。

7.3 字典的转换

字典的转换操作是指将列表、元组等可迭代对象的元素转换为对应的字典，本节使用 dict 类和 dict.fromkeys 函数完成转换。

7.3.1 类对象转换 dict

在 7.1.1 节中使用 dict 类创建了字典对象，实际上，dict 类有三种不同的写法都可以生成字典对象。本节将详细介绍 dict 类的相关语法。

类语法：

dict(**kwargs)

dict(mapping, **kwargs)

cdict(iterable, **kwargs)

参数说明：

**kwargs：关键字，采用"键=值"的方式创建字典。

mapping：元素的容器，采用映射函数的方式创建字典。

iterable：可迭代对象，采用可迭代对象的方式创建字典。

下面演示使用 dict 类创建字典的三种方式，代码如下所示，代码在"Chapter-7-8.py"文件中。

```
1#  dic1=dict(a=1,b=2);print(dic1)
2#  dic2=dict(zip(('a','b'),(1,2)));print(dic2)
3#  dic3=dict([('a',1),('b',2)]);print(dic3)
```

第 1 行代码 dic1=dict(a=1,b=2)，使用**kwargs 关键字的方式，也就是"键=值"的方式创建字典，可以用这种方式添加任意多个键值对。执行 print(dic1)后，返回结果为

{'a': 1, 'b': 2}。

第 2 行代码 dic2=dict(zip(('a','b'),(1,2))),使用元素的容器方式,一般使用 zip 函数,比如 zip(('a','b'),(1,2)),表示将键放在一组,将值放在另一组。执行 print(dic2)后,返回结果为{'a': 1, 'b': 2}。

第 3 行代码 dic3=dict([('a',1),('b',2)]),使用可迭代对象的方式,比如[('a',1),('b',2)],将键与值放在同一个容器中,组织形式不定。元组、列表、字符串等可迭代对象只要结构正确均可以转换为字典。执行 print(dic3)后,返回结果为{'a': 1, 'b': 2}。

7.3.2 dict.fromkeys 转换法

在 Python 中,除使用 dict 类创建字典外,还可以用 dict.fromkeys 函数创建一个新字典,下面介绍该函数的语法。

函数语法:

dict.fromkeys(seq[, value])

参数说明:

seq:必选参数,字典的键,可以是元组、列表、字符串等可迭代对象。

value:可选参数,设置键对应的值,默认值为 None。

下面是几个小例子,代码如下所示,代码在"Chapter-7-9.py"文件中。

```
1#  dic1=dict.fromkeys(('a','b'),1);print(dic1)
2#  dic2=dict.fromkeys(['a','b'],1);print(dic2)
3#  dic3=dict.fromkeys('abc',1);print(dic3)
4#  dic4=dict.fromkeys(['a','a','b']);print(dic4)
5#  dic5=dict.fromkeys([('a',1),('a',1)]);print(dic5)
```

第 1 行代码 dic1=dict.fromkeys(('a','b'),1),将元组('a','b')作为键,键的值统一为 1。运行 print(dic1)后,返回字典{'a': 1, 'b': 1}。

第 2 行代码 dic2=dict.fromkeys(['a','b'],1),将列表['a','b']作为键,键的值统一为 1。运行 print(dic2)后,返回字典{'a': 1, 'b': 1}。

第 3 行代码 dict.fromkeys('abc',1),将字符串'abc'的每个字符作为键,键的值统一为 1。运行 print(dic3)后，返回字典{'a': 1, 'b': 1, 'c': 1}。

第 4 行代码 dic4=dict.fromkeys(['a','a','b'])，将列表['a','a','b']作为键，列表中有相同的元素，只保留一个。所以运行 print(dic4)后，返回字典{'a': None, 'b': None}。

第 5 行代码 dic5=dict.fromkeys([('a',1),('a',1)])，将列表[('a',1),('a',1)]作为键，字典的键是元组，而且两个元组相同，这时会去掉重复的，只保留一个。运行 print(dic5)后，返回字典{('a', 1): None}。

再次提醒读者，字典的键可以为数字、字符串、元组等不可变类型的数据，不能为列表、集合等可变类型的数据。

7.3.3 字典转换应用案例：多列求唯一值

本案例提取“分数表”工作表中学校、年级、班级三列中的唯一值，写入新工作簿的工作表，如图 7-4 所示。

本案例的编程思路是将工作表中每一行学校、年级、班级的值组成一个元组，再将元组作为元素存储在列表中，然后使用 dict.fromkeys 函数进行去重操作，最后写入新工作表即可。

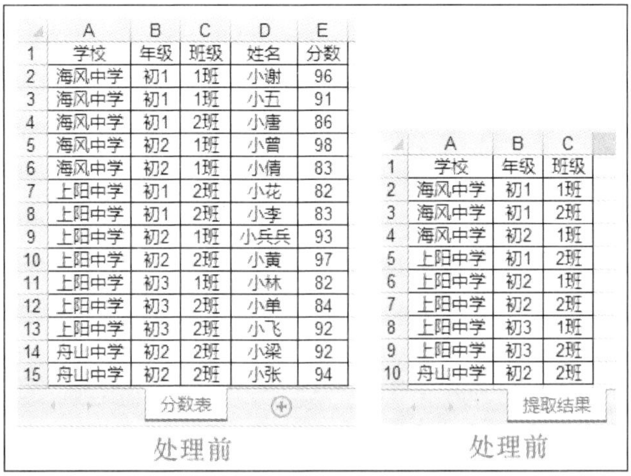

	A	B	C	D	E
1	学校	年级	班级	姓名	分数
2	海风中学	初1	1班	小谢	96
3	海风中学	初1	1班	小五	91
4	海风中学	初1	2班	小唐	86
5	海风中学	初2	1班	小曾	98
6	海风中学	初2	1班	小倩	83
7	上阳中学	初1	2班	小花	82
8	上阳中学	初1	2班	小李	83
9	上阳中学	初2	1班	小兵兵	93
10	上阳中学	初2	2班	小黄	97
11	上阳中学	初3	1班	小林	82
12	上阳中学	初3	2班	小单	84
13	上阳中学	初3	2班	小飞	92
14	舟山中学	初2	2班	小梁	92
15	舟山中学	初2	2班	小张	94

分数表

处理前

	A	B	C
1	学校	年级	班级
2	海风中学	初1	1班
3	海风中学	初1	2班
4	海风中学	初2	1班
5	上阳中学	初1	2班
6	上阳中学	初2	1班
7	上阳中学	初2	2班
8	上阳中学	初3	1班
9	上阳中学	初3	2班
10	舟山中学	初2	2班

提取结果

处理前

图 7-4　多列求唯一值

本案例代码如下所示，代码在“Chapter-7-10.py”文件中。

```
1#  import xlrd,xlwt #导入 XLS 文件的读取库与写入库
2#  wb=xlrd.open_workbook('Chapter-7-10-1.xls');ws=wb.sheet_by_name('分数
    表')  #读取工作簿和工作表
3#  nwb=xlwt.Workbook('utf-8');nws=nwb.add_sheet('提取结果') #新建工作簿和工
    作表
4#  lst=[tuple(v.value for v in l[0:3]) for l in ws.get_rows()] #获取每行的
    值并转换为元组
5#  row_num=0 #初始化 row_num 变量，其值为 0
6#  for key in dict.fromkeys(lst).keys(): #使用 fromkeys 函数获得 lst 列表的唯
    一值
7#      nws.write(row_num,0,key[0])  #将学校名称写入 A 列
8#      nws.write(row_num,1,key[1])  #将年级名称写入 B 列
9#      nws.write(row_num,2,key[2])  #将班级名称写入 C 列
10#     row_num +=1 #累加 row_num 变量
11# nwb.save('Chapter-7-10-2.xls')  #保存新建的工作簿
```

第 1~3 行代码为数据的读取和写入做准备。

第 4 行代码 lst=[tuple(v.value for v in l[0:3]) for l in ws.get_rows()]，其中，for l in ws.get_rows()部分获取"分数表"工作表中的每一行记录，并赋值给 l 变量；tuple(v.value for v in l[0:3])部分，l[0:3]表示只截取前面 3 个值，也就是学校、年级、班级，再将其循环赋值给 v 变量，v 变量获得的是单元格对象，要提取其中的值，就需要使用 value 属性获取；在外层使用 tuple 函数将推导结果转换为元组，然后赋值给 lst 变量。

第 6 行代码 for key in dict.fromkeys(lst).keys():，其中 dict.fromkeys(lst).keys()部分将 lst 列表中的元组去重，并将元组作为字典的键，对应的值是 None。keys()用来提取字典的所有键，然后将所有的键循环赋值给 key 变量进行处理。

第 7~10 行代码分别将学校、年级、班级写入新工作表的 A、B、C 3 列。

第 11 行代码用来保存新建的工作簿。

7.4　字典综合应用案例

本章介绍了字典的很多基础知识，字典与之前章节学习的列表、元组这类容器型对象都是非常重要的知识。为了将这些知识与 Excel 结合，本节讲解 3 个比较典型的综合应用案例。

7.4.1　字典综合应用案例 1：获取未完成名单

本案例有 3 张表，要求根据"全部名单"工作表和"已完成名单"工作表，判断出哪些人是未完成工作的，并写入"未完成名单"工作表，如图 7-5 所示。

本案例的编程思路是将"全部名单"工作表中的所有数据写入字典，然后删除由"已完成名单"工作表中的所有数据组成的列表，字典中余下的就是未完成的数据。将未完成的数据写入对应的工作表即可。

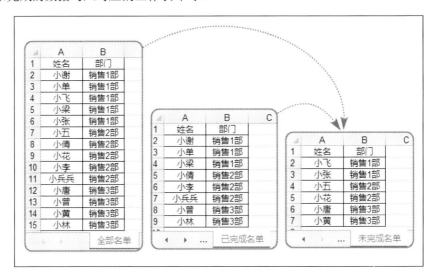

图 7-5　获取未完成名单

本案例代码如下所示，代码在"Chapter-7-11.py"文件中。

```
1#  import xlrd #导入 XLS 文件的读取库
2#  from xlutils.copy import copy #导入复制函数
3#  wb=xlrd.open_workbook('Chapter-7-11-1.xls') #读取工作簿
4#  ws1=wb.sheet_by_name('全部名单') #读取"全部名单"工作表
5#  ws2=wb.sheet_by_name('已完成名单') #读取"已完成名单"工作表
6#  nwb=copy(wb);ws3=nwb.get_sheet('未完成名单') #读取"已完成名单"工作表，具有
    写入功能
7#  lst1=[tuple(v.value for v in l) for l in ws1.get_rows()] #获取"全部名
    单"记录
8#  lst2=[tuple(v.value for v in l) for l in ws2.get_rows()][1:] #获取"已
    完成名单"记录
9#  dic=dict.fromkeys(lst1) #将 lst1 转换为 dic 字典
10# [dic.pop(t) for t in lst2] #从 dic 字典中删除 lst2 的已完成名单
11# row_num=0 #初始化 row_num 变量，其值为 0
```

```
12# for key in dic.keys(): #将 dic 字典中的键循环出来
13#     ws3.write(row_num,0,key[0]) #将姓名写入 A 列
14#     ws3.write(row_num,1,key[1]) #将部门写入 B 列
15#     row_num +=1#row_num 变量累加 1
16#nwb.save('Chapter-7-11-1.xls') #保存副本工作簿
```

第 1~6 行代码为数据的读取和写入做准备。

第 7 行代码 lst1=[tuple(v.value for v in l) for l in ws1.get_rows()]，获取"全部名单"工作表中的数据，然后转换成字典的键可以支持的数据结构。

第 8 行代码 lst2=[tuple(v.value for v in l) for l in ws2.get_rows()][1:]，获取"已完成名单"工作表中的数据，然后转换成字典的键可以支持的数据结构。最后的[1:]表示跳过表头，如果不跳过表头，则在删除字典的键时，会将表头也删除。因为表头是我们需要的，所以不能删除它。

第 9 行代码 dic=dict.fromkeys(lst1)，将 lst1 列表中的元素作为字典的键进行转换，然后赋值给 dic 变量。

第 10 行代码 [dic.pop(t) for t in lst2]，从 dic 字典中删除 lst2 列表中的已完成元素，dic 字典中余下的就是未完成工作的名单了。这行代码也可以用 for 循环语句完成。

第 11~15 行代码，将 dic 字典中所有的键即未完成的键写入指定的工作表。

第 16 行代码用来保存副本工作簿。

7.4.2　字典综合应用案例 2：多工作簿数据合并

本案例指定的"销售表"文件夹中有多个工作簿，每个工作簿中有多个工作表，每个工作表的数据结构相同。现在要求将所有工作簿中的所有工作表的数据合并，结果与图 7-6 中的"合并结果"工作表显示的结果一样。

本案例的编程思路是遍历每个工作簿中每个工作表的每行记录，写入新工作簿的新工作表即可。

图 7-6 多工作簿数据合并

本案例代码如下所示，代码在"Chapter-7-12.py"文件中。

```
1# import os,xlrd,xlwt #导入操作系统接口模块、XLS读取库与写入库
2# nwb=xlwt.Workbook('utf-8');nws=nwb.add_sheet('合并结果') #新建工作簿和工
   作表
3# files=os.listdir('销售表') #获取"销售表"文件夹中的所有工作簿名称
4# row_num=0;[nws.write(row_num,n,v) for n,v in ((0,'店名'),(1,'品牌'),(2,'
   型号'),(3,'数量'))] #在新工作表中写入表头
5# for file in files: #循环工作簿名称
6#     wb=xlrd.open_workbook('销售表/'+file) #根据工作簿名称读取工作簿对象
7#     for ws in wb.sheets(): #循环工作簿中的所有工作表
8#         for t,n in tuple(ws.get_rows())[1:]: #循环工作表中所有行的记录（除
   表头）
9#             tup=(file.split('.')[0],ws.name,t.value,n.value) #准备写入新
   表的数据
10#            row_num +=1 #累加 row_num 变量
11#            for num in range(0,4): #循环数字 0~3，作为写入数据时的列号
12#                nws.write(row_num,num,tup[num]) #循环将数据写入新工作表
13# nwb.save('Chapter-7-12-1.xls') #保存新建的工作簿
```

第 1~4 行代码为数据的读取和写入做准备。

第 5 行代码 **for file in files:**，循环"销售表"文件夹中的所有工作簿名称，并赋值给 file 变量。

第 6 行代码 wb=xlrd.open_workbook('销售表/'+file)，使用 open_workbook 函数读取循环出来的每个工作簿，并赋值给 wb 变量。

第 7 行代码 for ws in wb.sheets():，读取 wb 变量中所有的工作表，并循环赋值给 ws 变量。

第 8 行代码 for t,n in tuple(ws.get_rows())[1:]:，读取工作表中所有行的记录并形成列表，循环赋值给 t 变量和 n 变量，因为每行记录有两个值，所以 t 变量代表 A 列的型号，n 变量代表 B 列的数量。

第 9 行代码 tup=(file.split('.')[0],ws.name,t.value,n.value)，准备好要写入新工作表的数据，file.split('.')[0]是截取的店名，ws.name 是获取的品牌，t.value 是获取的型号，n.value 是获取的是数量，将这 4 个值组成元组并赋值给 tup 变量。

第 10 行代码 row_num +=1，累加 row_num 变量作为写入数据时的行号。

第 11 行代码 for num in range(0,4):，循环数字 0~3，作为写入数据时的列号。当写的列数据比较多时，可以用此循环方式写入。

第 12 行代码 nws.write(row_num,num,tup[num])，将 tup 元组中的 4 个元素循环写入 A、B、C、D 4 列。

第 13 行代码 nwb.save('Chapter-7-12-1.xls')，保存新建的工作簿。

7.4.3　字典综合应用案例 3：数据统计并分发至不同工作簿

本案例对"业绩表"工作表按省份汇总各个客户的交易次数和总金额，将汇总结果按省份拆分到不同的工作簿，比如将"北京"的所有公司汇总，写入工作簿的工作表，如图 7-7 所示。

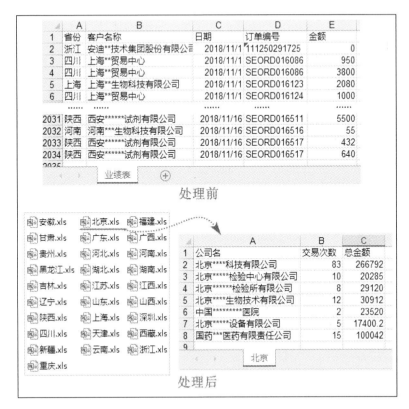

图 7-7　数据统计并分发至不同工作簿

本案例的编程思路是将省份和客户名称作为字典的键，键对应的值是列表类型，将金额写入列表，然后对字典中的所有键对应的值进行统计。

本案例代码如下所示，代码在"Chapter-7-13.py"文件中。

```
1#  import xlrd,xlwt #导入 XLS 文件的读取库与写入库
2#  ws=xlrd.open_workbook('Chapter-7-13-1.xls').sheet_by_name('业绩表') #
    读取工作表
3#  dic={} #初始化 dic 变量为空字典
4#  for row_num in range(1,ws.nrows): #获取"业绩表"工作表中已使用的行号并循环
5#      lst=ws.row_values(row_num) #获取每行的值，以列表形式赋值给 lst 变量
6#      key=(lst[0],lst[1]) #将 lst 列表中的省份、客户名称组成元组
7#      if not key in dic: #如果 key 在 dic 字典中不存在
8#          dic[key]=[lst[4]] #则以 key 为键、金额为值写入列表
9#      else: #否则
10#         dic[key].append(lst[4]) #将金额添加到 key 键对应的值列表中
```

```
11# for province in dict.fromkeys(tuple(zip(*dic.keys()))[0]): #获取省份并
    进行循环
12#     nwb=xlwt.Workbook('utf-8');nws=nwb.add_sheet(province) #新建工作簿、
    工作表
13#     num=0;nws.write(num,0,'客 户 名');nws.write(num,1,'交 易 次 数
    ');nws.write(num,2,'总金额') #在新工作表中写入表头
14#     for v in [(k[1],i) for k,i in dic.items() if k[0]==province]: #循
    环属于当前省份的键值
15#         num +=1 #累加 num 变量作为写入数据时的行号
16#         nws.write(num,0,v[0]) #在新工作表 A 列写入公司名称
17#         nws.write(num,1,len(v[1])) #在新工作表 B 列写入交易次数
18#         nws.write(num,2,sum(v[1])) #在新工作表 C 列写入总金额
19#     nwb.save('统计结果/'+province+'.xls') #以省份名为工作簿名称保存工作簿
```

第 1 行代码导入 XLS 文件的读取库与写入库。

第 2 行代码读取 "Chapter-7-13-1.xls" 工作簿中的 "业绩表" 工作表。

第 3 行代码初始化 dic 变量为空字典。

第 4~10 行代码将 "业绩表" 工作表中的每行记录，以省份和客户名称为键，将
金额添加到键对应的值列表中。

第 11 行代码 for province in dict.fromkeys(tuple(zip(*dic.keys()))[0]):，其中
tuple(zip(*dic.keys()))[0]用来获取 dic 字典中的键的省份，然后在外层使用 dict.fromkeys
函数去重后循环赋值给 province 变量。

第 12 行代码 nwb=xlwt.Workbook('utf-8') 用来新建工作簿，代码
nws=nwb.add_sheet(province)在新建的工作簿中新建工作表。此行代码是第 11 行循环
语句的循环体，有多少个省份，就会新建多少个工作簿。

第 13 行代码 num=0;nws.write(num,0,'客 户 名');nws.write(num,1,'交 易 次 数
');nws.write(num,2,'总金额')，给每个新工作表写入表头。

第 14 行代码 for v in [(k[1],i) for k,i in dic.items() if k[0]==province]:，其中[(k[1],i)
for k,i in dic.items() if k[0]==province]使用条件列表推导式提取字典中等于当前省份的
数据，然后循环赋值给 v 变量。

第 16 行代码 nws.write(num,0,v[0])，将 v[0]中的客户名称写入新工作表的 A 列。

第 17 行代码 nws.write(num,1,len(v[1]))，对 v[1]列表进行计数，也就是对金额列表计数，然后将计数结果写入 B 列。

第 18 行代码 nws.write(num,2,sum(v[1]))，对 v[1]列表进行求和，也就是对金额列表求和，然后将求和结果写入 C 列。

第 19 行代码 nwb.save('统计结果/'+province+'.xls')，保存工作簿，新建多少个工作簿，此行代码就会保存多少次。

第 8 章

Python 无序对象——集合处理技术

在 Python 中，集合是一个无序的不重复元素序列，元素被放在 {} 中，是可迭代的，不支持任何索引或切片操作。与列表相比，集合的主要优点是具有高度优化的方法，可以检查集合中是否包含特定元素，也可以进行并集、交集、差集、比较等操作。

8.1　集合的创建与删除

集合与列表、元组、字典一样，可以创建和删除。集合创建与删除的案例代码如下所示，代码在"Chapter-8-1.py"文件中。

```
1#  set1=set();print(set1) #创建空集合
2#  set2={1,2,3};print(set2) #创建有元素的集合
3#  set3=frozenset(set2);print(set3) #转换为不可变集合
4#  del set1 #删除指定集合
```

第 1 行代码 set1=set()，使用 set 类创建空集合，运行 print(set1)后，返回结果为 set()。创建空集合必须使用 set()，而不能用{}，因为{}是创建空字典。

第 2 行代码 set2={1,2,3}，将元素放在花括号中，运行 print(set2)后，返回结果为 {1, 2, 3}，此种集合是可变集合，也就是可变对象，不能作为字典的键。

第 3 行代码 set3=frozenset(set2)，在 set2 集合外层套上 frozenset 类，运行 print(set3) 后，返回结果为 frozenset({1, 2, 3})。frozenset 函数的参数不一定是可变集合，可以是任何可迭代对象。不可变集合类似字符串、元组，可以作为字典的键，缺点是一旦创建便不能更改，除内容不能更改外，其他功能及操作与可变集合 set 一样。

第 4 行代码 del set1，删除指定的集合，删除后集合将不存在。

8.2　集合元素的添加与删除

我们知道了集合可以分为可变集合和不可变集合，本节讲解集合元素的添加与删除，当然是针对可变集合而言的。

8.2.1　集合元素的添加

向集合中添加单个元素或多个元素，可以使用 add 函数或 update 函数，来看看它们的区别是什么。案例代码如下所示，代码在"Chapter-8-2.py"文件中。

```
1#  set1={1,2,3} #原集合
2#  set1.add(4);print(set1) #向集合中添加单个元素
3#  set1.update({5,6,7});print(set1) #向集合中添加多个元素
```

第 2 行代码 set1.add(4)，表示向 set1 集合中添加元素 4，运行 print(set1)后，返回的结果为{1, 2, 3, 4}。

第 3 行代码 set1.update({5,6,7})，表示向 set1 集合中添加另一个集合{5,6,7}，运行 print(set1)后，返回的结果为{1, 2, 3, 4, 5, 6, 7}。实际上，update 函数的参数可以是任何可迭代对象，比如字符串、列表、元组等。

注意，如果集合中的所有元素都是数字，则这些数字会按照从小到大的顺序排列，否则排列是混乱的。为了让读者看到演示效果，这里将数字作为集合的元素。

8.2.2 集合元素的删除

删除集合中的元素可以用 remove、discard、pop、clear 函数，根据不同的要求用不同的函数。案例代码如下所示，代码在"Chapter-8-3.py"文件中。

```
1#  set1={'a','b','c','d'} #原集合
2#  set1.remove('a');print(set1) #删除集合中的元素'a'
3#  set1.discard('b');print(set1) #删除集合中的元素'b'
4#  set1.pop();print(set1) #随机删除集合中的一个元素
5#  set1.clear();print(set1) #清空集合中的所有元素
```

第 2 行代码 set1.remove('a')，表示删除集合中的指定元素'a'，如果元素不存在，则返回错误。运行 print(set1)后，返回的结果为{'c', 'd', 'b'}。

第 3 行代码 set1.discard('b')，表示删除集合中的指定元素'b'，如果元素不存在，则忽略，不会返回错误。运行 print(set1)后，返回的结果为{'d', 'c'}。

第 4 行代码 set1.pop()，表示随机删除集合中的一个元素。运行 print(set1)后，如果删除的是'd'，则返回{'c'}；如果删除的是'c'，则返回{'d'}。

第 5 行代码 set1.clear()，表示清空集合中的所有元素。运行 print(set1)后，返回的结果为 set()。

注意，由于集合中的元素不是数字，所以每次运行第 2、3、4 行代码返回的结果的顺序会有所不同。

8.2.3 集合元素的添加应用案例：多列求唯一值

本案例对"采购表"工作表中所有"品名"列的名称去重，然后保存到新工作簿的新工作表中，如图 8-1 所示。

本案例的编程思路是，由于集合有去重的功能，所以首先创建一个空集合，然后将每个"品名"列的名称添加到集合中，得到的是一个没有重复值的产品名称集合，最后将集合中的元素写入单元格即可。

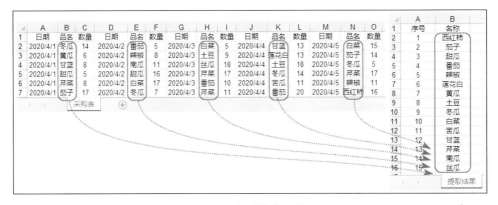

图 8-1　多列求唯一值

本案例代码如下所示，代码在"Chapter-8-4.py"文件中。

```
1#  import xlrd,xlwt #导入 XLS 文件的读取库与写入库
2#  ws=xlrd.open_workbook('Chapter-8-4-1.xls').sheet_by_name('采购表') #读
    取工作簿与工作表
3#  nwb=xlwt.Workbook('utf-8');nws=nwb.add_sheet('提取结果') #新建工作簿和工
    作表
4#  row_num=0;nws.write(0,0,'序号');nws.write(0,1,'名称') #在新工作表中写入表
    头
5#  set1=set() #初始化 set1 变量为空集合
6#  for col_num in range(1,ws.ncols,3): #循环工作表的所有"品名"列编号
7#      col=ws.col_values(col_num)[1:] #获取"品名"列的所有值
8#      set1.update(col) #将"品名"列的值添加到 set1 集合
9#  for name in set1: #循环 set1 集合中的所有元素
10#     row_num +=1 #累加 row_num 变量
11#     nws.write(row_num,0,row_num) #写入序号
12#     nws.write(row_num,1,name) #写入品名
13# nwb.save('Chapter-8-4-2.xls') #保存新建的工作簿
```

第 1~5 行代码为数据的读取和写入做准备。

第 6 行代码 for col_num in range(1,ws.ncols,3):，循环获取"品名"列编号，其实就是有规律地获取 1、4、7……序列值，然后赋值给 col_num 变量。

第 7 行代码 col=ws.col_values(col_num)[1:]，根据 col_num 变量提供的列编号读取工作表对应列的数据，然后并赋值给 col 变量。

第 8 行代码 set1.update(col)，将获取的 col 变量中的数据添加到 set1 集合，如果数据有重复，则去掉重复值。

第 9~12 行代码循环将 set1 集合中的元素写入新工作簿的新工作表。

第 13 行代码用来保存新建的工作簿。

注意，在"提取结果"工作表中，每次运行代码后，品名被写入的位置不一样，因为这些品名是在集合中的，而集合中元素的存储位置又是无序的，所以每次输出的结果不一样。

8.3   集合之间的大小比较

集合之间的大小比较就是判断某个集合是否完全包含另一个集合，可以使用大于（>）、小于（<）、大于或等于（>=）、小于或等于（<=）、等于（==）、不等于（!=）这些比较运算符来做判断。

8.3.1   集合的比较运算

下面用几个小例子讲解集合之间是如何进行比较的，代码如下所示，代码在"Chapter-8-5.py"文件中。

```
1#  print(2 in {1,2,3}) #判断2是否包含在集合中
2#  print({1,2,3}=={3,2,1}) #判断两个集合是否相同
3#  print({2,3}>{1,2,3}) #集合大于比较
4#  print({2,3}<{1,2,3}) #集合小于比较
```

第 1 行代码 print(2 in {1,2,3})，判断集合{1,2,3}中是否包含 2，返回的结果为 True。

第 2 行代码 print({1,2,3}=={3,2,1})，判断{1,2,3}与{3,2,1}是否相等，集合是无序

的，只要两个集合中的数据相同就相等，返回的结果是 True。

第 3 行代码 print({2,3}>{1,2,3})，其本质是判断 {1,2,3} 中的元素是否被 {2,3} 包含，返回的结果为 False。

第 4 行代码 print({2,3}<{1,2,3})，其本质是判断 {2,3} 中的元素是否被 {1,2,3} 包含，返回的结果为 True。

8.3.2　集合比较运算应用案例：判断指定的多个等级是否存在

在"评级表"工作表中，1～4 季度每个人有不同的等级，判断包含"优"和"良"两个等级的有哪些人，将结果写在 F 列，如图 8-2 所示。

本案例的编程思路是将每个人 4 个季度的等级转换成集合，然后与集合 {'优','良'} 进行比较判断，如果包含 {'优','良'}，则条件成立。

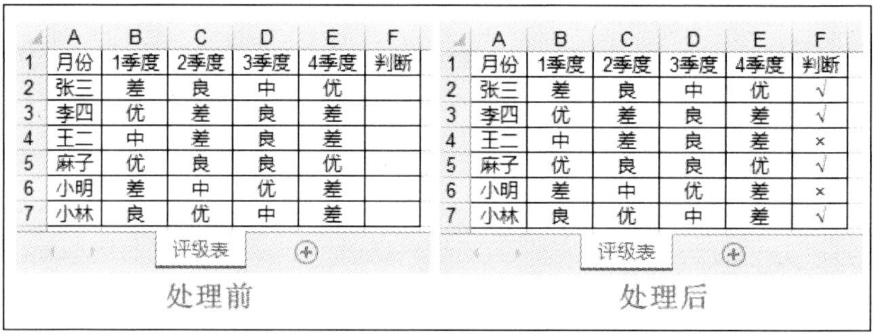

图 8-2　判断指定的多个等级是否存在

本案例代码如下所示，代码在"Chapter-8-6.py"文件中。

```
1# import xlrd #导入 XLS 文件读取库
2# from xlutils.copy import copy #导入函数
3# wb=xlrd.open_workbook('Chapter-8-6-1.xls');ws=wb.sheet_by_name(' 评级
   表') #读取工作簿和工作表
4# nwb=copy(wb);nws=nwb.get_sheet('评级表') #复制工作簿及读取副本工作簿中的工作
   表
5# row_num=0 #初始化 row_num 变量为 0
6# for row in tuple(ws.get_rows())[1:]: #循环读取每行记录
7#     row_num += 1 #对 row_num 变量累加 1
8#     if {'优','良'}<={v.value for v in row[1:-1]}: #判断每行的等级中是否包含
   "优"和"良"
```

```
9#         nws.write(row_num,5,'√') #如果包含，则写入"√"
10#   else: #否则
11#         nws.write(row_num,5,'×') #如果不包含，则写入"×"
12# nwb.save('Chapter-8-6-1.xls') #保存副本工作簿
```

第 1~5 行代码为数据的读取和写入做准备。

第 6 行代码 for row in tuple(ws.get_rows())[1:]:，将每行数据循环赋值给 row 变量。

第 8 行代码 if {'优','良'}<={v.value for v in row[1:-1]}:，其中，{v.value for v in row[1:-1]}将 row 元组中的元素使用集合推导式转换为集合，集合推导式也具有去重功能。然后判断集合是否大于或等于{'优','良'}，也就是{'优','良'}这个集合是否被包含或刚好与集合相等。

第 9 行代码 nws.write(row_num,5,' √')，如果第 8 行代码的条件成立，则将 " √ " 写入 F 列。

第 11 行代码 nws.write(row_num,5,'×')，如果第 8 行代码的条件不成立，则将"×"写入 F 列。

第 12 行代码 nwb.save('Chapter-8-6-1.xls')，保存副本工作簿。

8.4   集合的转换

将可迭代对象转换为集合，除使用集合推导式外，还可以使用 set 类，这种方式更直接、简单。

8.4.1   类对象转换 set

前面学习过使用 set 类创建空集合，实际上也可以使用 set 类将字符串、列表、元组等可迭代对象转换为集合。

类语法：

set ([iterable])

参数说明：

iterable：可选参数，要转换为集合的可迭代序列。

下面是使用 set 类进行转换的例子，代码如下所示，代码在"Chapter-8-7.py"文件中。

```
1#  set1=set('123');print(set1) #将字符串转换为集合
2#  set2=set([1,2,3]);print(set2) #将列表转换为集合
3#  set3=set((1,2,3));print(set3) #将元组转换为集合
4#  set4=set({'a':1,'b':2,'c':3});print(set4) #将字典转换为集合
5#  set5=set(range(1,4));print(set5) #将可迭代对象转换为集合
```

第 1 行代码 set1=set('123')，将字符串'123'转换为集合，运行 print(set1)后，返回的结果为{'1', '3', '2'}。

第 2 行代码 set2=set([1,2,3])，将列表[1,2,3]转换为集合，运行 print(set2)后，返回的结果为{1, 2, 3}。

第 3 行代码 set3=set((1,2,3))，将元组(1,2,3)转换为集合，运行 print(set3)后，返回的结果为{1, 2, 3}。

第 4 行代码 set4= set({'a':1,'b':2,'c':3})，将字典{'a':1,'b':2,'c':3}的键转换为集合，运行 print(set4)后，返回的结果为{'b', 'c', 'a'}。

第 5 行代码 set5=set(range(1,4))，将可迭代对象 range(1,4)换为集合，运行 print(set5)后，返回的结果为{1, 2, 3}。

注意，range(1,4)只是可迭代对象中的一种。

8.4.2　集合转换应用案例：获取每个工作表中不重复的名单

"Chapter-8-8-1.xls"工作簿中的 4 个工作表记录了每年每个月的销售冠军。现在需要提取出每年有哪些人获得过销售冠军，然后写入新工作簿的新工作表，如图 8-3 所示。

本案例的编程思路是循环获取每个工作表 B 列的姓名，然后转换为集合，因为集合有去重功能，所以一旦转换为集合，重复的姓名将只保留一个，再将集合中的元素

合并即可。

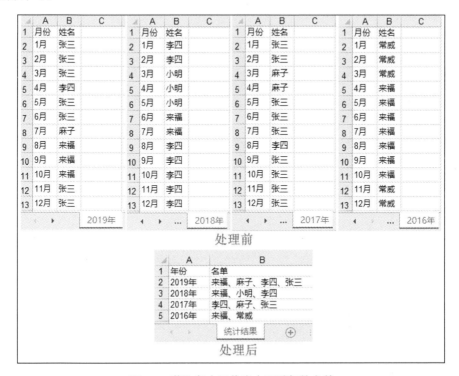

图 8-3　获取每个工作表中不重复的名单

本案例代码如下所示，代码在 "Chapter-8-8.py" 文件中。

```
1# import xlrd,xlwt #导入 XLS 文件的读取库与写入库
2# nwb=xlwt.Workbook('utf-8');nws=nwb.add_sheet('统计结果') #新建工作簿和工
作表
3# row_num=0;nws.write(0,0,'年份');nws.write(0,1,'名单') #将表头写入新工作表
4# for ws in xlrd.open_workbook('Chapter-8-8-1.xls').sheets(): #循环工作簿
中的所有工作表
5#     set1=set(ws.col_values(1)[1:]) #获取工作表 B 列的名单并转换为集合
6#     row_num +=1 #累加 row_num 变量
7#     nws.write(row_num,0,ws.name) #将工作表名写入新工作表 A 列单元格
8#     nws.write(row_num,1,'、'.join(set1)) #将集合中的名单合并写入新工作表 B
列单元格
9# nwb.save('Chapter-8-8-2.xls') #保存新建的工作簿
```

第 1~3 行代码为数据的读取和写入做准备。

第 4 行代码 for ws in xlrd.open_workbook('Chapter-8-8-1.xls').sheets():，其中

xlrd.open_workbook('Chapter-8-8-1.xls').sheets()获取指定工作簿中的所有工作表，然后循环赋值给 ws 变量。

第 5 行代码 set1=set(ws.col_values(1)[1:])，其中 ws.col_values(1)[1:]获取工作表 B 列的姓名，返回的结果是列表，再使用 set 类将列表转换为集合，并做去重处理。

第 7 行代码 nws.write(row_num,0,ws.name)，将工作表名写入新工作表 A 列。

第 8 行代码 nws.write(row_num,1,'、'.join(set1))，以顿号为分隔符合并集合中的元素，然后写入新工作表 B 列。

第 9 行代码 nwb.save('Chapter-8-8-2.xls')，保存新建的工作簿。

8.5　集合的运算

在 Python 中，集合之间可以做关系运算，例如做并集、交集、差集及对称差集运算。本节将逐个讲解集合的运算，每种集合运算都有配图，图中用斜线填充的部分就是集合运算后得到的结果。

8.5.1　并集运算

并集运算指两个或更多集合合并，结果中包含了所有集合的元素，重复的元素只会出现一次，可以参考图 8-4 所示的效果。下面以 set1 和 set2 两个集合为例讲解并集运算的原理，代码如下所示，代码在 "Chapter-8-9.py" 文件中。

```
1#  set1={1,2,3,4,5,6} #集合 1
2#  set2={4,5,6,7,8,9} #集合 2
3#  print(set1.union(set2)) #集合 1 与集合 2 做并集运算
4#  print(set2.union(set1)) #集合 2 与集合 1 做并集运算
5#  print(set1|set2) #集合 1 与集合 2 做并集运算
6#  print(set2|set1) #集合 2 与集合 1 做并集运算
```

第 3 行和第 4 行代码将 set1 与 set2 两个集合进行合并，使用 union 函数完成，无论写法是 set1.union(set2)，还是 set2.union(set1)，结果都相同，返回的结果都是{1, 2, 3, 4, 5, 6, 7, 8, 9}。

第 5 行和第 6 行代码使用 "|" 符号将 set1 和 set2 两个集合进行合并，set1|set2 与

set2|set1 两种写法的运算结果相同，都是{1, 2, 3, 4, 5, 6, 7, 8, 9}。

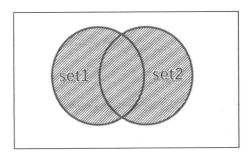

图 8-4　集合的并集运算

8.5.2　交集运算

交集运算求两个或更多集合中都包含的元素。下面以 set1 和 set2 两个集合为例讲解交集运算的原理，代码如下所示，代码在 "Chapter-8-10.py" 文件中。

```
1#  set1={1,2,3,4,5,6} #集合 1
2#  set2={4,5,6,7,8,9} #集合 2
3#  set3=set1.intersection(set2);print(set3) #集合 1 与集合 2 求交集，结果存储在
    新集合 3
4#  set3=set2.intersection(set1);print(set3) #集合 2 与集合 1 求交集，结果存储在
    新集合 3
5#  set3=set1&set2;print(set3) #集合 1 与集合 2 求交集，结果存储在新集合 3
6#  set3=set2&set1;print(set3) #集合 2 与集合 1 求交集，结果存储在新集合 3
7#  set1.intersection_update(set2);print(set1) #集合 1 与集合 2 求交集，结果存储
    在集合 1
8#  set2.intersection_update(set1);print(set2) #集合 2 与集合 1 求交集，结果存储
    在集合 2
```

第 3~6 行代码表示 set1 和 set2 两个集合做交集运算，结果生成新的集合，如图 8-5 所示。第 3 行和第 4 行代码使用 intersection 函数，而第 5 行和第 6 行代码使用 &符号。

第 3 行代码 set1.intersection(set2)与第 5 行代码 set1&set2 两种写法的结果是等价的。运行 print(set3)后，返回的结果是{4, 5, 6}。

第 4 行代码 set2.intersection(set1)与第 6 行代码 set2&set1 两种写法的结果是等价的。运行 print(set3)后，返回的结果是{4, 5, 6}。

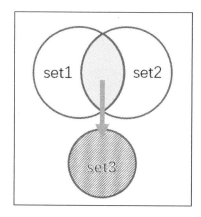

图 8-5　集合的交集运算 1

第 7 行和第 8 行代码虽然也是 set1 和 set2 两个集合做交集运算，但返回结果的存储方式有所不同。

第 7 行代码 set1.intersection_update(set2)，以 set1 为存储集合与 set2 集合做交集运算，也就是交集结果存储在 set1 中，如图 8-6（a）所示。运行 print(set1)后，返回的结果为{4, 5, 6}。

第 8 行代码 set2.intersection_update(set1)，以 set2 为存储集合与 set1 集合做交集运算，也就是交集结果存储在 set2 中，如图 8-6（b）所示。此行代码在运行时，set2 集合中的{4,5,6,7,8,9}与 set1 集合中的{4, 5, 6}做交集运算，为什么 set1 集合变成了{4, 5, 6}？原因是第 7 行代码在运行时，set1 中存储了交集的结果。运行 print(set2)后，返回的结果虽然也是{4, 5, 6}，但要明白其中的变化。

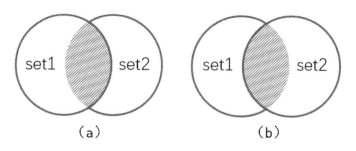

图 8-6　集合的交集运算 2

8.5.3 差集运算

差集运算就是两个集合相减，用一个集合中的元素减去另一个集合中的元素。下面以 set1 和 set2 两个集合为例讲解差集运算的原理，代码如下所示，代码在"Chapter-8-11.py"文件中。

```
1#  set1={1,2,3,4,5,6} #集合 1
2#  set2={4,5,6,7,8,9} #集合 2
3#  set3=set1.difference(set2);print(set3) #集合 1 减去集合 2，结果存储在新集合 3
4#  set3=set2.difference(set1);print(set3) #集合 2 减去集合 1，结果存储在新集合 3
5#  set3=set1-set2;print(set3)  #集合 1 减去集合 2，结果存储在新集合 3
6#  set3=set2-set1;print(set3)  #集合 2 减去集合 1，结果存储在新集合 3
7#  set1.difference_update(set2);print(set1)  #集合 1 减去集合 2，结果存储在集合
    1
8#  set2.difference_update(set1);print(set2)  #集合 2 减去集合 1，结果存储在集合
    2
```

第 3~6 行代码是 set1 和 set2 两个集合做差集运算，结果生成新的集合。第 3 行和第 4 行代码使用 difference 函数，而第 5 行和第 6 行代码使用减号（−）。

第 3 行代码 set1.difference(set2))与第 5 行代码 set1-set2 两种写法的结果是等价的，如图 8-7（a）所示。运行 print(set3)后，返回的结果是{1, 2, 3}。

第 4 行代码 set2.difference(set1)与第 6 行代码 set2-set1 两种写法的结果是等价的，如图 8-7（b）所示。运行 print(set3)后，返回的结果是{1, 2, 3}。

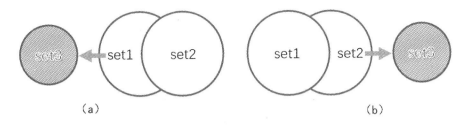

（a）   （b）

图 8-7 集合的差集运算 1

第 7 行代码 set1.difference_update(set2)，以 set1 为存储集合与 set2 集合做差集运算，也就是差集结果存储在 set1 中，如图 8-8（a）所示。运行 print(set1)后，返回的结果为{1, 2, 3}。

第 8 行代码 set2.difference_update(set1)，以 set2 为存储集合与 set1 集合做差集运

算，也就是差集结果存储在 set2 中，如图 8-8（b）所示。此行代码在运行时，set2 集合中的{4,5,6,7,8,9}与 set1 集合中的{1,2,3}做差集运算，为什么 set1 集合变成了{1,2,3}？原因是第 7 行代码在运行时，set1 中存储了差集的结果。运行 print(set2)后，返回的结果是{4, 5, 6, 7, 8, 9}。

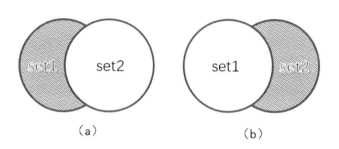

图 8-8　集合的差集运算 2

8.5.4　对称差集运算

对称差集运算返回两个集合中不重复的元素集合，即移除两个集合中都存在的元素。下面以 set1 和 set12 两个集合为例讲解对称差集运算的原理，代码如下所示，代码在 "Chapter-8-12.py" 文件中。

```
1#  set1={1,2,3,4,5,6}  #集合 1
2#  set2={4,5,6,7,8,9}  #集合 2
3#  set3=set1.symmetric_difference(set2);print(set3)  #去掉集合 1 与集合 2 相同
    元素，结果存储在新集合 3
4#  set3=set2.symmetric_difference(set1);print(set3)  #去掉集合 2 与集合 1 相同
    的元素，结果存储在新集合 3
5#  set3=set1^set2;print(set3)  #去掉集合 1 与集合 2 相同的元素，结果存储在新集合 3
6#  set3=set2^set1;print(set3)  #去掉集合 2 与集合 1 相同的元素，结果存储在新集合 3
7#  set1.symmetric_difference_update(set2);print(set1) #去掉集合 1 与集合 2 相
    同的元素，结果存储在集合 1
8#  set2.symmetric_difference_update(set1);print(set2) #去掉集合 2 与集合 1 相
    同的元素，结果存储在集合 2
```

第 3~6 行代码是 set1 和 set2 两个集合做对称差集运算，结果生成新的集合。第 3 行和第 4 行代码使用 symmetric_difference 函数，第 5 行和第 6 行代码使用^符号。对称差集运算示意图如图 8-9 所示。

第 3 行代码 set1.symmetric_difference(set2)与第 5 行代码 set1^set2 两种写法的结果

是等价的。运行 **print(set3)**后，返回的结果是{1, 2, 3, 7, 8, 9}。

第 4 行代码 **set2.symmetric_difference(set1)**与第 6 行代码 **set2^set1** 两种写法的结果是等价的。运行 **print(set3)**后，返回的结果是{1, 2, 3, 7, 8, 9}。

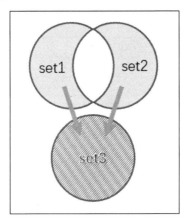

图 8-9　对称差集运算示意图

第 7 行代码 **set1.symmetric_difference_update(set2)**，以 set1 为存储集合与 set2 集合做对称差集运算，也就是对称差集结果存储在 set1 中，如图 8-10（a）所示。运行 **print(set1)**后，返回的结果为{1, 2, 3, 7, 8, 9}。

第 8 行代码 **set2.symmetric_difference_update(set1)**，以 set2 为存储集合与 set1 集合做对称差集运算，也就是对称差集结果存储在 set2 中，如图 8-10（b）所示。此行代码在运行时，set2 集合中的{4,5,6,7,8,9}与 set1 集合中的{1, 2, 3, 7, 8, 9}做对称差集运算，为什么 set1 集合变成了{1, 2, 3, 7, 8, 9}？原因是第 7 行代码在运行时，set1 中存储了对称交集的结果。运行 **print(set2)**后，返回的结果是{1, 2, 3, 4, 5, 6}。

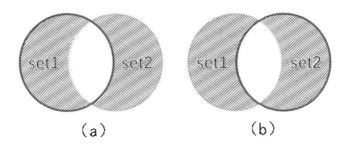

图 8-10　集合的对称差集运算

8.5.5　集合运算小结

假如现在有 set1 和 set2 两个集合，可以将集合之间的运算用表格做一下总结，如表 8-1 所示。

图 8-1　集合之间的运算

集合运算	运算结果生成新集合		运算结果存储在原集合
方式	函数方法	符号方法	函数方法
并集	set1.union(set2)	set1|set2	—
交集	set1.intersection(set2)	set1&set2	set1.intersection_update(set2)
差集	set1.difference(set2)	set1-set2	set1.difference_update(set2)
对称差集	set1.symmetric_difference(set2)	set1^set2	set1.symmetric_difference_update(set2)

集合的运算可以用函数方法和符号方法来实现，它们之间的区别是什么呢？如果使用函数方法，则函数的参数不一定是集合类型，只要是可迭代对象即可。如果使用符号方法，则符号两侧必须是集合类型，否则会出错。

在通过表格的方式总结集合之间的运算时，会发现一个问题，为什么并集中没有将运算结果存储在原集合中的方法？也就是说，为什么没有 set1.union_update(set2)这种方法？虽然没有 union_update 函数来实现，但有另一种方式可以实现，方法为 set1.update(set2)，没错，就是利用集合的 update 函数来实现的。虽然 update 函数是向指定集合中添加元素，但从另一个角度看，就是两个集合的并集，而且并集结果也没有生成新集合，是存储在原集合中的。

8.6　集合运算应用案例

灵活运用集合的运算功能，可以大大简化数据处理的代码。本节将集合的运算应用到 Excel 数据处理中，用户从中可以看到集合运算的实用性。

8.6.1　集合的并集应用案例：多表多列求唯一值

本案例对指定工作簿中的每张工作表求唯一值，将结果写在新工作簿的新工作表中，如图 8-11 所示。

本案例的编程思路是循环合并指定工作簿中所有工作表的 B、C、D 三列数据，再将每列数据转换为集合，然后执行集合的并集运算，最后将合并的结果写入单元格。

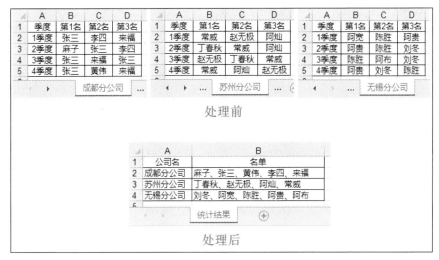

图 8-11　多表多列求唯一值

本案例代码如下所示，代码在"Chapter-8-13.py"文件中。

```
1#  import xlrd,xlwt #导入 XLS 文件的读取库与写入库
2#  nwb=xlwt.Workbook('utf-8');nws=nwb.add_sheet('统计结果') #新建工作簿与工
    作表
3#  set1=set();row_num=0 #初始化 set1 变量为空集合、row_num 变量为 0
4#  nws.write(0,0,'公司名');nws.write(0,1,'名单') #在新建的工作表中写入表头
5#  for ws in xlrd.open_workbook('Chapter-8-13-1.xls').sheets(): #循环读取
    "Chapter-8-13-1.xls"工作簿中的所有工作表
6#      for col_num in (1,2,3): #循环 1、2、3 序列，将序列值作为读取工作表的列号
7#          set1= set1.union(set(ws.col_values(col_num)[1:])) #将每列数据转换
    成集合，再合并
8#          # set1 =set1|set(ws.col_values(col_num)[1:])
9#          # set1 |=set(ws.col_values(col_num)[1:])
10#         # set1.update(set(ws.col_values(col_num)[1:]))
11#     row_num +=1 #累加 row_num 变量
12#     nws.write(row_num,0,ws.name) #在新工作表 A 列写入公司名
13#     nws.write(row_num,1,'、'.join(set1)) #在新工作表 B 列写入合并集合后的字符
    串
14#     set1 = set() #重置 set1 变量为空集合
15# nwb.save('Chapter-8-13-2.xls') #保存新建的工作簿
```

第 1~4 行代码为数据的读取和写入做准备。

第 5 行代码 for ws in xlrd.open_workbook('Chapter-8-13-1.xls').sheets()，循环"Chapter-8-13-1.xls"工作簿中的所有工作表，然后赋值给 ws 变量。

第 6 行代码 for col_num in (1,2,3):，在处理工作表时，循环 1、2、3 序列，通过序列值获取工作表的 B、C、D 列数据。

第 7~10 行代码分别用 4 种方法将各列数据转换为集合，进行合并处理后赋值给 set1 集合。这 4 种方法选择其中的一种即可。

第 7 行代码 set1= set1.union(set(ws.col_values(col_num)[1:]))，使用 union 函数完成集合的并集运算。

第 8 行代码 set1 =set1|set(ws.col_values(col_num)[1:])，使用并集符号（|）完成集合的并集运算。

第 9 行代码 set1 |=set(ws.col_values(col_num)[1:])，使用并集符号（|）的简化方式完成集合的并集运算。

第 10 行代码 set1.update(set(ws.col_values(col_num)[1:]))，使用 update 函数完成集合的并集运算。

第 12 行代码将循环的工作表名写入新工作表的 A 列单元格。

第 13 行代码将集合结果进行合并，再写入新工作表的 B 列单元格。

第 15 行代码保存新建的工作簿。

8.6.2 集合的交集应用案例：多列求相同值

本案例的"优秀员工名单表"工作表中记录了 1~4 季度的几位优秀员工，现在要求统计出 4 个季度都是优秀员工的名单，如图 8-12 所示。

本案例的编程思路是将 1~4 季度每列的数据做交集处理，交集结果中的元素就是在 4 个季度中都存在的姓名。

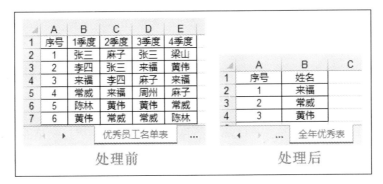

图 8-12　多列求相同值

本案例代码如下所示，代码在 "Chapter-8-14.py" 文件中。

```
1#  import xlrd #导入 XLS 文件的读取库
2#  from xlutils.copy import copy #导入复制工作簿函数
3#  wb=xlrd.open_workbook('Chapter-8-14-1.xls');ws=wb.sheet_by_name('优秀
    员工名单表') #读取工作簿与工作表
4#  nwb=copy(wb);nws=nwb.get_sheet('全年优秀表') #复制工作簿，并且读取副本工作簿
    中的工作表
5#  set1=set(ws.col_values(1)[1:]) #将 B 列的姓名转换为集合并赋值给 set1 变量
6#  for col_num in (1,2,3,4): #循环 1、2、3、4 序列，将序列值为"优秀员工名单表"
    工作表的列号
7#      set1.intersection_update(ws.col_values(col_num)[1:]) #将 set1 集合与
    "优秀员工名单表"工作表中 B~E 列的数据做累计交集
8#      # set1=set1.intersection(ws.col_values(col_num)[1:])
9#      # set1=set1&set(ws.col_values(col_num)[1:])
10#     # set1 &=set(ws.col_values(col_num)[1:])
11# row_num=0 #初始化 row_num 变量为 0
12# for name in set1: #循环 set1 集合的内容
13#     row_num += 1 #累加 row_num 变量
14#     nws.write(row_num,0,row_num) #将序号写入"全年优秀表"工作表 A 列单元格
15#     nws.write(row_num,1,name) #将姓名写入"全年优秀表"工作表 B 列单元格
16# nwb.save('Chapter-8-14-1.xls') #保存副本工作簿
```

第 1~4 行代码为数据的读取和写入做准备。

第 5 行代码 set1=set(ws.col_values(1)[1:])，将"优秀员工名单表"工作表中 1 季度
优秀名单转换为集合，然后赋值给 set1 变量，作为 set1 集合在后面做交集时的初始值。

第 6 行代码 for col_num in (1,2,3,4):，将元组中的元素作为列号，循环赋值给
col_num 变量。

第 7~10 行代码分别用 4 种方法实现 4 个季度名单的交集运算，然后赋值给 set1 集合，这 4 种方法选择其中的一种即可，最后将交集的结果存储在 set1 集合中。

第 7 行代码 set1.intersection_update(ws.col_values(col_num)[1:])，使用 intersection_update 函数将 set1 集合循环与各列数据做交集运算。

第 8 行代码 set1=set1.intersection(ws.col_values(col_num)[1:])，使用 intersection 函数将 set1 集合与各列数据做累加交集运算。

第 9 行代码 set1=set1&set(ws.col_values(col_num)[1:])，用&符号将 set1 集合与各列数据做累加交集运算。

第 10 行代码 set1 &=set(ws.col_values(col_num)[1:])，是第 9 行用&符号做累加交集运算的简化写法。

第 13~15 行代码将交集结果 set1 集合的元素写入"全年优秀表"工作表并保存。

8.6.3　集合的差集应用案例：根据达标月份获取不达标月份

在本案例的"达标表"工作表中，显示了每个人在哪些月份达标了，现在要根据已达标月份来获取每个人不达标的月份，如图 8-13 所示。

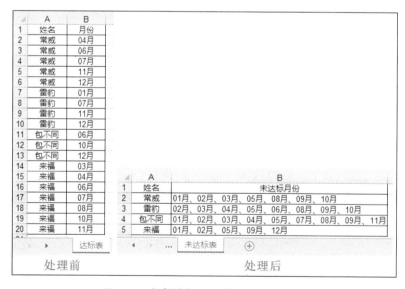

图 8-13　根据达标月份获取不达标月份

本案例的编程思路是以姓名为键、以月份为值做成字典，然后用完整的月份集合与每个人的达标月份集合做差集运算，差集运算结果便是每个人的未达标月份，最后将每个人的未达标月份合并写入指定的工作表即可。

本案例代码如下所示，代码在 "Chapter-8-15.py" 文件中。

```
1#  import xlrd #导入 XLS 文件的读取库
2#  from xlutils.copy import copy #导入复制工作簿函数
3#  wb=xlrd.open_workbook('Chapter-8-15-1.xls');ws=wb.sheet_by_name('达标
    表') #读取工作簿与工作表
4#  nwb=copy(wb);nws=nwb.get_sheet('未达标表') #复制工作簿，并且读取副本工作簿中
    的工作表
5#  dic={} #初始化 dic 变量为空字典
6#  for name,month in ws.get_rows(): #循环获取 "达标表" 工作表的每行数据
7#      if not name.value in dic: #如果 name.value 在字典中不存在
8#          dic[name.value]=[month.value] #则新建键值
9#      else: #否则
10#         dic[name.value].append(month.value) #向键对应的值的列表中添加
    month.value 元素
11# month_set=set(['{:02}月'.format(m) for m in range(1,13)]) #创建 1~12 月
    的集合
12# row_num=0 #初始化 row_num 变量为 0；作为写入数据时的行号
13# for key,item in dic.items(): #循环读取 dic 字典中的键和值
14#     lst=list(month_set.difference(item));lst.sort() #将完整的月份集合与键
    对应的值做差集运算，将差集结果转换为列表，再进行排序
15#     # lst=list(month_set-set(item));lst.sort()
16#     nws.write(row_num,0,key) #将姓名写入 "未达标表" 工作表的 A 列单元格
17#     nws.write(row_num,1,'、'.join(lst)) #将未达标的月份合并，再写入 "未达标表"
    工作表的 B 列单元格
18#     row_num +=1 #累加 row_num 变量
19# nws.write(0,1,'未达标月份') #将字符串 "未达标月份" 写入 "未达标表" 工作表 B1 单
    元格
20# nwb.save('Chapter-8-15-1.xls') #保存副本工作簿
```

第 1~5 行代码为数据的读取和写入做准备。

第 6~10 行代码以姓名为键，将每个人达标的月份收集到对应的值中，值的类型是列表，所以是将月份作为元素写入列表。

第 11 行代码 month_set=set(['{:02}月'.format(m) for m in range(1,13)])，创建 1～12 月的集合，用于和每个人的达标月份集合做差集。

第 13~18 行代码将字典中的键与值循环出来做处理，然后写入指定的工作表，其中重点是第 14 行代码 lst=list(month_set.difference(item));lst.sort()，将 month_set 集合与 item 列表做差集，因为使用的是 difference 函数，所以 item 只要是可迭代对象就可以运算，这一点在前面讲解的知识点中已经做了说明。将差集结果转换为列表，再使用 lst.sort() 函数对列表进行排序。不排序也可以，只是月份是乱序，看起来不规范。后面的章节将会详细讲解 sort 函数的用法。

第 14 行代码的效果也可以使用第 15 行代码 lst=list(month_set-set(item));lst.sort() 来实现，它是用差集符号来实现的。也就是说，第 14 行和第 15 行代码使用其中的一种即可。

第 16 行和第 17 行代码是将对应的姓名和未达标月份写入"未达标表"工作表单元格。

第 19 行代码 nws.write(0,1,'未达标月份')重新将字符串"未达标月份"写入 B2 单元格，之前在循环字典时已写入表头，但 B2 单元格的值是 1~12 月字符串，表头是不正确的，这里需要重新写入。

第 9 章

优化代码利器——Python 自定义函数

　　函数是 Python 编程中的核心内容之一。函数的最大优点是可以增强代码的重用性和可读性。Python 中有很多内置函数，但内置函数并不能满足用户的需求，这时用户可以创建自定义函数。本章将介绍如何自定义函数。

9.1　自定义函数编写规范

Python 中的自定义函数需要遵循一定的规范，比如定义时的关键字是什么、返回值关键字是什么、参数的写法，以及如何调用自定义函数等。下面来介绍一下相关的知识点。

9.1.1　函数的定义

在自定义函数时，有固定的语法格式。语法格式如下：

def 函数名(参数):

　　函数体

　　return 返回值

def：函数的关键字，不能没有，也不能改，有此关键字就表示是自定义函数。

函数名：函数的名称，根据函数名调用函数。函数名是包含字母、数字、下画线的任意组合，不能以数字开头。函数名可以任意命名，建议尽量定义成可以表示函数功能的名称。

参数：为函数体提供数据。参数是被放在小括号中的，可以设置多个参数，参数之间用逗号分隔。在小括号的后面加冒号。

return 返回值：整体作为自定义函数的可选参数，用于设置自定义函数的返回值。也就是说，自定义函数可能有返回值，也可能没有返回值，视情况而定。

> 注意，函数体和返回值语句要做缩进处理，也就是从冒号开始换行的语句都要做缩进处理。

9.1.2　自定义函数的创建与调用

了解了自定义函数的语法格式后，下面学习自定义函数的创建与调用，比如创建一个单价与数量相乘的函数并调用。因为代码是自上而下运行的，所以一定要先定义函数，再调用函数。自定义函数案例的代码如下所示，代码在 "Chapter-9-1.py" 文件中。

```
1#  # 有返回值的自定义函数
2#  def total_sum1(price,amount):
3#      money=price*amount
4#      return money
5#  # 无返回值的自定义函数
6#  def total_sum2(price,amount):
7#      str='单价:{} 数量:{} 金额:{}'.format(price,amount,price*amount)
8#      print(str)
9#  # 调用自定义函数
10# print(total_sum1(10,20))
11# total_sum2(10,20)
```

第 2~4 行代码定义的是有返回值的函数，函数名为 total_sum1，函数体的处理语句是将 price 和 amount 两个参数接收到的数据相乘，再赋值给 money 变量，最后返回值是 money。

第 6~8 行代码定义的是无返回值的函数，函数名为 total_sum2，函数体的处理语句是将 price、amount、price*amount 三个值进行格式化处理，再赋值给 str 变量，最后使用 print 函数将格式化结果输出到屏幕上。

> 注意，在自定义函数时，函数中的参数被称为形参，也就是形式上的参数，用于接收传递过来的数据，price 和 amount 这两个参数就可以被称作形参。

第 10 行代码 print(total_sum1(10,20))，调用 total_sum1 函数，数字 10 将被传送给 price 参数，数字 20 将被传送给 amount 参数，最后函数的返回值为 200。

第 11 行代码 total_sum2(10,20)，调用 total_sum2 函数，数字 10 将被传送给 price 参数，数字 20 将被传送给 amount 参数，最后函数的返回值为 "单价:10 数量:20 金额:200"。为什么外层不使用 print 函数也可以将结果输出呢？原因是自定义函数中已经使用了 print 函数，所以没必要再次使用。

> 注意，在调用自定义函数时，向函数的参数写入的值被叫作实参，也就是实际上的参数。这里在调用函数时写入的 10 和 20 就可以被称作实参。

9.1.3　自定义函数应用案例：平均函数的定义及应用

本案例将每个人 1～12 月的工资进行平均，然后写入 N 列对应的单元格，如图 9-1 所示。

本案例的编程思路是将每个人所有的工资求和，再除以月份数，按此思路自定义一个平均函数即可。

处理前：

	A	B	C	D	E	F	G	H	I	J	K	L	M	N
1	姓名	1月	2月	3月	4月	5月	6月	7月	8月	9月	10月	11月	12月	平均工资
2	常威	6112元	9532元	10385元	8669元	10732元	6978元	11123元	7298元	8291元	5962元	11452元	11443元	
3	雷豹	7856元	10198元	11938元	11840元	8773元	10434元	6417元	11691元	9480元	8695元	9628元	10280元	
4	包不同	6369元	11078元	5787元	7541元	8426元	10079元	8800元	5822元	8702元	11098元	10865元	10747元	
5	来福	10794元	5871元	9159元	7484元	7097元	10307元	9351元	6708元	5614元	5941元	11989元	11693元	

工资表

处理后：

	A	B	C	D	E	F	G	H	I	J	K	L	M	N
1	姓名	1月	2月	3月	4月	5月	6月	7月	8月	9月	10月	11月	12月	平均工资
2	常威	6112元	9532元	10385元	8669元	10732元	6978元	11123元	7298元	8291元	5962元	11452元	11443元	8998.08元
3	雷豹	7856元	10198元	11938元	11840元	8773元	10434元	6417元	11691元	9480元	8695元	9628元	10280元	9769.17元
4	包不同	6369元	11078元	5787元	7541元	8426元	10079元	8800元	5822元	8702元	11098元	10865元	10747元	8776.17元
5	来福	10794元	5871元	9159元	7484元	7097元	10307元	9351元	6708元	5614元	5941元	11989元	11693元	8500.67元

工资表

图 9-1　平均函数的定义及应用

本案例代码如下所示，代码在 "Chapter-9-2.py" 文件中。

```
1#  # 自定义平均函数
2#  def average(lst):
3#      num=sum(lst)/len(lst) #平均处理
4#      avg=float('{:.2f}'.format(num)) #格式化平均值
5#      return avg #返回平均值
6#  # 数据平均处理
7#  import xlrd #导入 XLS 文件读取库
8#  from xlutils.copy import copy #导入工作簿复制函数
9#  wb=xlrd.open_workbook('Chapter-9-2-1.xls');ws=wb.sheet_by_name('工资表') #读取工作簿和工作表
10# nwb=copy(wb);nws=nwb.get_sheet('工资表') #复制工作簿并读取副本工作簿中的工作表
11# for row_num in range(1,ws.nrows): #循环行号
12#     salary_list=ws.row_values(row_num)[1:-1] #获取 1~12 月的工资列表
13#     nws.write(row_num,13,average(salary_list)) #调用平均函数 average 对 salary_list 列表进行平均
14# nwb.save('Chapter-9-2-1.xls') #保存副本工作簿
```

第 2~5 行代码自定义平均函数 average(lst)。其中，lst 为必选参数，指定要进行平均计算的列表或元组。

第 13 行代码 nws.write(row_num,13,average(salary_list))，其中 average(salary_list)表示使用 average 函数对每行的工资数据进行平均，然后将结果写入 N 列对应的单元格。

9.2   必选参数的写法及应用

必选参数就是函数调用时必须要传入值的参数，既不能多，也不能少。必选参数也可以叫作位置参数。

9.2.1   必选参数（位置参数）

下面是一个小案例，根据固定的分数确定等级，代码如下所示，代码在"Chapter-9-2.py"文件中。

```
1#  # 自定义函数
2#  def level(number,lv1,lv2,lv3):
3#      if number>=90:
4#          return lv1
5#      elif number>=60:
6#          return lv2
7#      elif number>=0:
8#          return lv3
9#  # 自定义函数的调用
10# for score in [95,63,58,69,41,88,96]:
11#     print(score,level(score,'优','中','差'))
```

第 2~8 行代码自定义等级函数 level(number,lv1,lv2,lv3)，该函数的参数说明如下。

number：必选参数，输入用于判断的数字。

lv1：必选参数，当大于或等于 90 分时对应的等级。

lv2：必选参数，当大于或等于 60 分且小于 90 分时对应的等级。

lv3：必选参数，当大于或等于 0 分且小于 60 分时对应的等级。

第 10 行和第 11 行代码将[95,63,58,69,41,88,96]列表中的元素循环赋值给 score 变量，score 变量作为 level 函数的第 1 个参数，将第 2、3、4 个参数分别写入"优""中"
"差" 3 个等级。最后运行 print(score,level(score,'优','中','差')) 后，返回的结果如图 9-2
所示。

```
D:\Python\python.exe D:/PycharmProjects/Cl
95 优
63 中
58 差
69 中
41 差
88 中
96 优

Process finished with exit code 0
```

图 9-2   返回的结果

9.2.2   必选参数应用案例：给号码分段

本案例给"卡号表"工作表 B 列的卡号做分段处理，每 4 位分一段，如果不够 4
位，也要分成一段，如图 9-3 所示。

本案例的编程思路是定义一个分段截取函数，可以让用户指定每段长度，也可以
指定分段之间的分隔符，然后将 B 列中的卡号放到自定义函数中运行，最后将处理好
的结果写入 C 列单元格。

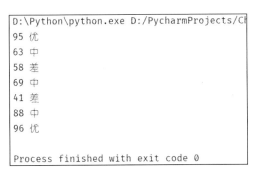

图 9-3   给号码分段处理前后的效果

本案例代码如下所示，代码在"Chapter-9-4.py"文件中。

```
1#  # 自定义函数
2#  def intercept(s,num,delimiter):
3#      s1=str(s) #将要分段的对象转换为字符串类型
4#      lst=[s1[n:n+num] for n in range(0,len(s1),num)] #对数据进行分段处理
5#      s2=delimiter.join(lst) #合并分段的列表
6#      return s2 #将合并结果返回给函数
7#  # 自定义函数应用
8#  import xlrd #导入 XLS 文件读取库
9#  from xlutils.copy import copy #导入工作簿复制函数
10# wb=xlrd.open_workbook('Chapter-9-4-1.xls');ws=wb.sheet_by_name('卡号
    表') #读取工作簿和工作表
11# nwb=copy(wb);nws=nwb.get_sheet('卡号表') #复制工作簿并读取副本工作簿中的工作
    表
12# for row_num in range(1,ws.nrows): #循环行号
13#     val=ws.cell_value(row_num,1) #读取 B 列单元格的值
14#     nws.write(row_num,2,intercept(int(val),4,'-')) #截取指定长度的字符进
    行分段，再写入单元格
15# nwb.save('Chapter-9-4-1.xls') #保存副本工作簿
```

第 2~6 行代码自定义切片函数 intercept(s,num,delimiter)，该函数的参数说明如下。

s：必选参数，指定要分的段数。

num：必选参数，表示每段的长度。

delimiter：必选参数，表示每段之间的分隔符。

第 13 行代码 nws.write(row_num,2,intercept(val,4,'-'))，其中 intercept(val,4,'-')部分
使用自定义的 intercept 函数，看一下此函数的实参，val 表示 B 列的每个卡号，每 4
个字符为一段，将"-"作为分隔符进行分段，最后将处理好的结果写入 C 列对应的
单元格。

9.3 可选参数的写法及应用

可选参数表示在调用函数时可传可不传该参数的值。在定义可选参数时，要设置
一个值，这个值叫作默认值，所以可选参数也叫作默认参数。在调用函数时，如果可
选参数没有传入值，则使用可选参数的默认值。

在自定义函数时，既有必选参数，又有可选参数，要先定义必选参数，再定义可

选参数。在调用函数时也一样，要先传必选参数，再传可选参数。

9.3.1　可选参数（默认参数）

比如，现在要自定义一个类似于 Excel 中的 MID 函数的函数，在对序列对象做切片时，可以指定位置和截取长度。案例代码如下所示，代码在 "Chapter-9-5.py" 文件中。

```
1#  # 自定义函数
2#  def mid(iterable,start=0,length=1):
3#      return iterable[start:start+length]
4#  # 自定义函数调用
5#  print(mid('abcdefgh'))
6#  print(mid('abcdefgh',2))
7#  print(mid('abcdefgh',2,4))
```

第 2~3 行代码自定义函数 mid(iterable,start=0,length=1)，该函数的**参数说明**如下。

iterable：必选参数，提供可以被切片的对象，比如字符串、列表、元组。

start：可选参数，切片的起始位置，默认值是 0，也就是从开始的位置切片。

length：可选参数，切片的长度，默认值是 1。

第 5~7 行代码调用 mid 函数做测试。

第 5 行代码 print(mid('abcdefgh'))，mid 函数只提供了第 1 个参数，第 2 个参数和第 3 个参数都使用默认值，等价于 print(mid('abcdefgh',0,1))，返回结果为'a'。

第 6 行代码 print(mid('abcdefgh',2))，mid 函数提供了第 1 个参数和第 2 个参数，第 3 个参数使用默认值，等价于 print(mid('abcdefgh',2,1))，返回结果为'c'。

第 7 行代码 print(mid('abcdefgh',2,4))，mid 函数提供了全部参数，返回结果为'cdef'。

9.3.2　可选参数应用案例：模拟 vlookup 函数的应用

本案例根据"销售表"工作表中 A 列的产品名称，到"单价表"工作表中查询对应的产品价格，再用查询到的产品价格乘以产品数量得到产品金额，将产品金额写入"销售表"工作表的 C 列单元格，如图 9-4 所示。

本案例的编程思路是自定义一个类似于 Excel 工作表函数 vlookup 的函数。

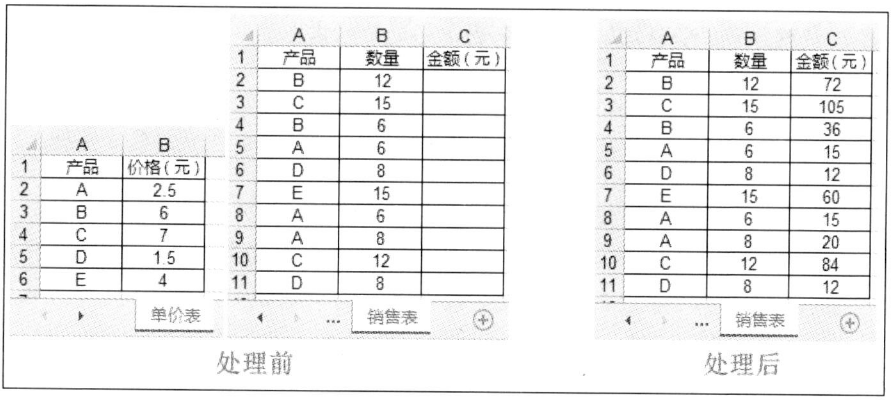

图 9-4　模拟 vlookup 函数的应用

本案例代码如下所示，代码在 "Chapter-9-6.py" 文件中。

```
1#  # 自定义 vlookup 函数
2#  def vlookup(val,lst,num=1):
3#      r=lst[0].index(val) #对 lst 列表的第 1 个元素使用 index 函数进行查找，将返回
    值赋值给 r 变量
4#      v=lst[num][r] #使用 num 变量和 r 变量确定截取位置
5#      return v #将截取的值返回给函数
6#  # 自定义函数应用
7#  import xlrd #导入读取 XLS 文件的库
8#  from xlutils.copy import copy #导入复制工作簿的函数
9#  wb=xlrd.open_workbook('Chapter-9-6-1.xls')#读取工作簿
10# ws_price=wb.sheet_by_name('单价表') #读取工作簿中的工作表
11# ws_Sale=wb.sheet_by_name('销售表') #读取工作簿中的工作表
12# nwb=copy(wb);nws=nwb.get_sheet('销售表') #复制工作簿并读取副本工作簿中的工作
    表
13# lst=[ws_price.col_values(0)[1:],ws_price.col_values(1)[1:]] #读取 "单价
    表" 中的产品列和价格列
14# for row_num in range(1,ws_Sale.nrows): #循环 "销售表" 中的行号
15#     val1=ws_Sale.cell_value(row_num,0) #读取 "销售表" A 列的品名
16#     val2=ws_Sale.cell_value(row_num,1) #读取 "销售表" B 列的数量
17#     val3=vlookup(val1,lst)*val2 #用 val1 中的品名到 lst 列表中查找，返回对应的
    单价，再乘以 val2 的数量，得到金额
18#     nws.write(row_num,2,val3) #将计算出来的金额写入 "销售表" 的 C 列单元格
19# nwb.save('Chapter-9-6-1.xls') #保存副本工作簿
```

第 2~5 行代码自定义查询函数 vlookup(val,lst,num=1)，该函数的参数说明如下。

val：必选参数，要查询的值。

lst：必选参数，要查询的列表，列表中的每个元素也是列表，查询必须在第 0 个元素的列表中。

num：可选参数，确认要返回列表中第几个元素的列表中的值，默认值是 1。

第 17 行代码 val3=vlookup(val1,lst)*val2，其中 vlookup(val1,lst)中的 val1 表示要查询的产品，lst 是放置"单价表"的两列数据[['A', 'B', 'C', 'D', 'E'], [2.5, 6.0, 7.0, 1.5, 4.0]]，第 3 个参数是使用的默认值 1，也就是如果查询成功，则返回[2.5, 6.0, 7.0, 1.5, 4.0]中对应位置的价格。最后将查询到的价格乘以 val2 中的数量，得到金额后赋值给 val3 变量。

9.4　关键字参数的写法及应用

在函数调用时，通过"参数=值"的形式传入实参的方式叫作关键字参数，可以让函数更加清晰、易于使用，同时参数的书写可以不按顺序。

9.4.1　关键字参数

关键字参数分为普通关键字参数和命名关键字参数。普通关键字参数可以用"参数=值"的方式传入实参，也可以按参数位置的先后顺序直接传入实参。命名关键字参数必须用"参数=值"的方式传入实参。

下面看看普通关键字参数与命名关键字参数的不同写法与传参方式，代码如下所示，代码在"Chapter-9-7.py"文件中。

```
1#  # 自定义函数
2#  def counter1(iterable,min,max):  #普通关键字参数
3#      lst=[v for v in iterable if v>=min and v<=max]
4#      return len(lst)
5#  def counter2(iterable,*,min,max):  #命名关键字参数
6#      lst=[v for v in iterable if v>=min and v<=max]
7#      return len(lst)
8#  # 调用自定义函数
9#  print(counter1([2,3,8,3,4,5,9],3,8))  #按位置传递实参
10# print(counter1(max=8,min=3,iterable=[2,3,8,3,4,5,9]))  #按关键字参数传递
```

```
    实参
11# print(counter1([2,3,8,3,4,5,9],3,max=8)) #部分按位置传递实参，部分按关键字
    参数传递实参
12# print(counter2([2,3,8,3,4,5,9],3,8)) #按位置传递实参会出错
13# print(counter2(max=8,min=3,iterable=[2,3,8,3,4,5,9])) #按关键字参数传递
    实参
14# print(counter2([2,3,8,3,4,5,9],max=8,min=3)) #部分按位置传递实参，部分按关
    键字参数传递实参
```

第 2~7 行代码自定义条件计数函数 counter1(iterable,min,max)和 counter2(iterable,*,min,max)，它们的参数都相同，参数说明如下。

iterable：必选参数，提供要判断的序列数字。

min：必选参数，定义范围最小值。

max：必选参数，定义范围最大值。

通过观察发现，counter1 函数和 counter2 函数基本一样，唯一不同点就是 counter2 函数的参数中有一个*（星号），它起什么作用呢？星号前面的是普通的关键字参数，星号后面的是命名关键字参数。也就是说，星号起到分隔的作用，便于用户区分。接下来调用一下这两个函数，看它们的使用方法有何区别。

第 9 行代码 print(counter1([2,3,8,3,4,5,9],3,8))，普通关键字参数可以按位置传参数，只要顺序不乱，返回的结果就不会错。

第 10 行代码 print(counter1(max=8,min=3,iterable=[2,3,8,3,4,5,9]))，这是标准的关键字参数传递方式，传递参数的顺序可以打乱，只要把形参和实参一一对应上就可以了。

第 11 行代码 print(counter1([2,3,8,3,4,5,9],3,max=8))，这是位置参数与关键字参数混合传递方式，同时包含这两种形式，一定是先位置参数，后关键字参数。前两个参数是按照位置传递参数的，第 3 个参数是使用关键字参数传递参数的。

第 12 行代码 print(counter2([2,3,8,3,4,5,9],3,8))，因为 counter2 函数中有命名关键字参数，所以这种位置传参方式会出错。min 和 max 两个参数必须按"参数=值"的方式来书写，前面的 iterable 参数可以不按"参数=值"的方式来书写。

第 13 行代码 print(counter2(max=8,min=3,iterable=[2,3,8,3,4,5,9]))，counter2 函数的

所有参数都按"参数=值"的方式来书写,这种方式也能正常运行。

第 14 行代码 print(counter2([2,3,8,3,4,5,9],max=8,min=3)),counter2 函数按混合传参方式来书写也是可以的,注意位置传参方式要写在最前面。

9.4.2 关键字参数应用案例:分类合并字符串

本案例以"工资表"工作表的"部门"列为基准,合并"姓名"列,如图 9-5 所示。

本案例的编程思路是创建一个字典,将指定列的数据作为键,将指定的另一列的数据作为值,循环装入字典中,再对字典中每个键对应的值去重,然后根据指定的分隔符合并,最后将结果返回给自定义的函数即可,也就是把整个数据处理放在自定义函数中。

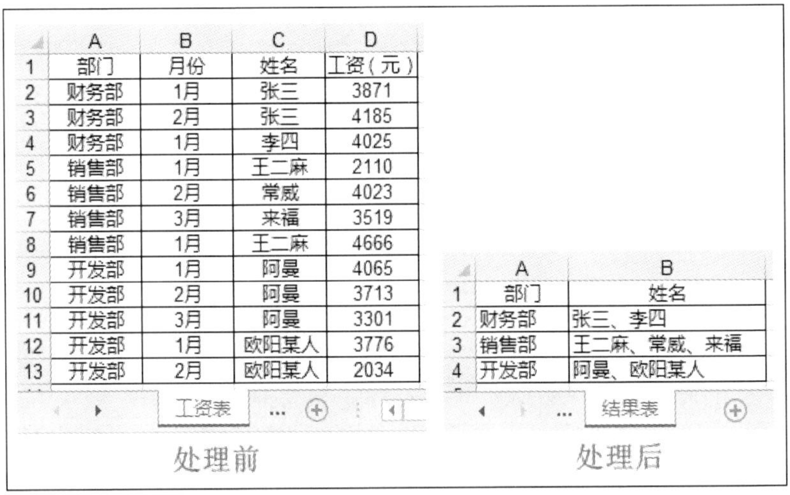

图 9-5 分类合并字符串前后的效果

本案例代码如下所示,代码在"Chapter-9-8.py"文件中。

```
1#  # 自定义 combine 函数
2#  def combine(range,join_range,delimiter=' '):
3#      dic={} #初始化 dic 变量为空字典
4#      for x,y in zip(range,join_range): #使用 zip 函数对 range 和 join_range
         接收的值做组合转换,然后赋值给 x 和 y 变量
5#          if not x in dic: #如果 x 在 dic 字典中不存在
6#              dic[x]=[y] #则以 x 为键,y 为值创建键值,注意 y 是写在列表中的
```

```
7#          else:#否则
8#              dic[x].append(y) #如果 x 存在，则将 y 添加到对应的值列表中
9#      l=[(k,delimiter.join([str(i) for i in dict.fromkeys(i)])) for k,i
   in dic.items()] #将键对应值列表去重
10#     return l #l 变量是列表，列表中的元素是元组类型，元组中分别存储 dic 字典的键，
   以及 dic 字典对应值合并后的字符串
11# # 自定义函数应用
12# import xlrd  #导入 XLS 文件读取库
13# from xlutils.copy import copy  #导入工作簿复制函数
14# wb=xlrd.open_workbook('Chapter-9-8-1.xls');ws=wb.sheet_by_name('工资
   表')  #读取工作簿和工作表
15# nwb=copy(wb);nws=nwb.get_sheet('结果表')  #复制工作簿并读取副本工作簿中的
   工作表
16# row_num=0 #初始化 row_num 变量为 0
17# for x,y in combine(delimiter='、',range=ws.col_values(0),join_range=ws.
   col_values(2)): #调用 combine 函数
18#     nws.write(row_num,0,x) #将 range 参数中的值去重后写入"结果表"工作表的 A 列
19#     nws.write(row_num,1,y) #将 join_range 参数中的值去重后写入"结果表"工作表
   的 B 列
20#     row_num +=1 #累加 row_num 变量
    nwb.save('Chapter-9-8-1.xls')  #保存副本工作簿
```

第 2~10 行代码，自定义合并函数 combine(range,join_range,delimiter=' ')，该函数的参数说明如下。

range：必选参数，指定基准列。

Join_range：必选参数，指定合并列。

delimiter：可选参数，对列进行合并时指定的分隔符，默认值是空格。

第 17 行代码 for x,y in combine(delimiter='、',range=ws.col_values(0),join_range=ws.col_values(2)):，调用了 combine 函数。delimiter 参数指定的分隔符是"、"；range 参数指定的基准列是 ws.col_values(0)，也就是"工资表"的 A 列；join_range 参数指定的合并列是 ws.col_values(2)，也就是"工资表"的 B 列。combine 函数的 3 个参数顺序因为使用的是关键字参数方式，所以顺序可以打乱。

combine 函数的返回值是列表，列表中的元素是元组，元组中包含了部门和对应的姓名，结果为[('部门', '姓名'), ('财务部', '张三、李四'), ('销售部', '王二麻、常威、来福'), ('开发部', '阿曼、欧阳某人')]。最后将列表中的值循环写入"结果表"工作表即可。

9.5 不定长参数的写法及应用

不定长参数是指定义的函数参数个数不确定，可以将不定长参数收纳在指定的容器中。不定长参数分为以下两种。

*args：以一个星号开头，然后接 args 变量，这种参数接收的值存储在元组中，即 args 是一个元组类型。

** kwargs：以两个星号开头，然后接 kwargs 变量，这种参数接收的值存储在字典中，即 kwargs 是一个字典类型。

args 与 kwargs 变量名称不是固定的，只是约定俗成的一种命名方式，用户可以修改成其他名称。不定长参数必须放在必选参数之后。

*args 和** kwargs 接收的数据类型不限，完全根据需求而定。

9.5.1 不定长参数 1

下面是一个小案例，代码如下所示，代码在"Chapter-9-9.py"文件中。

```
1# # 自定义函数
2# def subtotal(iterable,*args):
3#     print(args) #在屏幕上输出 args 中的内容
4#     return [fun(iterable) for fun in args] #根据 args 接收的函数返回处理结果
5# # 调用自定义函数
6# print(subtotal([7,8,9,10],max,min,sum))
```

第 2~4 行代码自定义汇总函数 subtotal(iterable,*args)，该函数的参数说明如下。

iterable：必选参数，提供要判断的序列数字。

*args：可选参数，指定汇总函数。

第 6 行代码 print(subtotal([7,8,9,10],max,min,sum))，iterable 变量的值是[7,8,9,10] 列表，汇总函数是 max、min、sum，这 3 个函数都将存储在 args 变量中。

运行第 3 行代码 print(args)，屏幕上的输出结果为(\<built-in function max>, \<built-in function min>, \<built-in function sum>)，可以看到元组的每个元素是函数对象。用每个函数去处理[7,8,9,10]即可，此行代码只是为了便于理解而写的，可以省略不写。

最后调用 subtotal 函数，返回的结果为[10, 7, 34]。

9.5.2　不定长参数 2

下面是一个小案例，代码如下所示，代码在"Chapter-9-10.py"文件中。

```
1#  # 自定义函数
2#  def subtotals(iterable,**kwargs):
3#      print(kwargs) #在屏幕上输出 args 中的内容
4#      return [(key,item(iterable)) for key,item in kwargs.items()] #根据
    args 接收的函数返回处理结果
5#  # 调用自定义函数
6#  print(subtotals([7,8,9,10],求和=sum,最大=max,计数=len))
```

第 2~4 行代码自定义汇总函数 subtotals(iterable,**kwargs)，该函数的参数说明如下。

iterable：必选参数，提供要判断的序列数字。

**kwargs：可选参数，按字典的键值方式指定汇总函数。

第 6 行代码 print(subtotals([7,8,9,10],求和=sum,最大=max,计数=len))，iterable 变量的值是[7,8,9,10]列表，汇总函数的指定方式是求和=sum,最大=max,计数=len，这 3 对键值都将存储在 kwargs 变量中。

运行第 3 行代码 print(kwargs)，屏幕上的输出结果为{'求和': <built-in function sum>, '最大': <built-in function max>, '计数': <built-in function len>}，可以看到字典中的键是汇总名称，值是对应的函数名称，用值的每个函数去处理[7,8,9,10]即可。此行代码是为了便于理解而写的，可以省略不写。

最后调用 subtotals 函数，返回的结果为[('求和', 34), ('最大', 10), ('计数', 4)]。

9.5.3　不定长参数应用案例：替换函数增强版

在本案例中，"书单表"工作表的 B 列是书名，书名之间使用空格(' ')和竖线('|')进行分隔，现在要用规范的书名号来分隔，修改前后的效果如图 9-6 所示。

本案例的编程思路是定义一个可以替换指定多个旧字符串为统一新字符串的函数，然后调用该函数处理 B 列的书名即可。

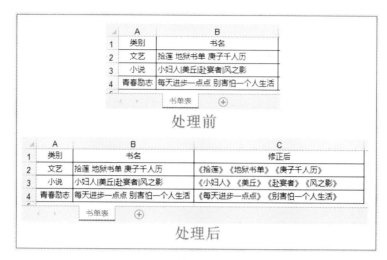

图 9-6　替换函数的应用

本案例代码如下所示，代码在 "Chapter-9-11.py" 文件中。

```
1#  # 自定义 replaces 函数
2#  def replaces(string,new,*old):
3#      for o in old: #循环 old 参数中的元素并赋值给 o 变量
4#          string = string.replace(o,new) #将 o 变量中的值替换为 new 变量中的值，
    再赋值给 string 参数
5#      return string #循环替换完成后，将 string 中的值返回给 replaces 函数
6#  # 自定义函数应用
7#  import xlrd #导入 XLS 文件读取库
8#  from xlutils.copy import copy #导入工作簿复制函数
9#  wb=xlrd.open_workbook('Chapter-9-11-1.xls');ws=wb.sheet_by_name('书单
    表') #读取工作簿和工作表
10# nwb=copy(wb);nws=nwb.get_sheet('书单表') #复制工作簿，并读取副本工作簿中的工
    作表
11# for row_num in range(1,ws.nrows): #循环"书单表"的行号，赋值给 row_num 变量
12#     val1=ws.cell_value(row_num,1) #获取 B 列单元格的书名，赋值给 val 变量
13#     val2='《'+replaces(val1,'》《',' ','|')+'》' #将' '和'|'替换为'》《'，
    再补齐两端书名号，赋值给 val2 变量
14#     nws.write(row_num,2,val2) #将处理好后的 val2 变量写入 C 列单元格
    nwb.save('Chapter-9-11-1.xls') #保存副本工作簿
```

第 2~5 行代码，自定义替换函数 replaces(string,new,*old)，参数说明如下。

string：必选参数，原字符串。

new：必选参数，指定要替换的新字符串。

*old：可选参数，指定替换的旧字符串，可以指定多个。

第 13 行代码 val2='《'+replaces(val1,'》《',' ','|')+'》'，调用 replaces 函数，string 参数是 val1 变量，也就是 B 列单元格的书名。new 参数是"》《"，表示将要替换的新字符串，old 参数获取的是(' ','|')，表示将空格（' '）和竖线（'|'）都替换为"》《"。最后将替换结果赋值给 val2 变量。

9.6   匿名函数的写法及应用

匿名函数指无须定义标识符的函数或子程序。Python 中用 lambda 关键字定义匿名函数，只用表达式而无须声明。使用匿名函数有一个好处，就是匿名函数没有名字，不必担心函数名冲突。此外，匿名函数也是一个函数对象，可以把匿名函数赋值给一个变量，这样变量名就相当于函数名，可以利用变量来调用该函数。

9.6.1   匿名函数的语法结构

在 Python 中，lambda 是一个关键字，用来引入表达式的语法。相比 def 函数，lambda 是单一的表达式，而不是语句块。在 lambda 中只能封装有限的业务逻辑，lambda 定义的匿名函数纯粹是为了编写简单函数而设计的，def 函数则专注于处理更大的业务。匿名函数的语法结构如图 9-7 所示。

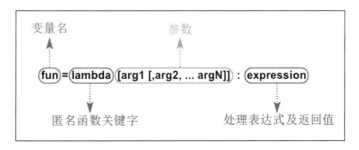

图 9-7　匿名函数的语法结构

下面看看匿名函数的定义和调用，代码如下所示，代码在"Chapter-9-12.py"文件中。

```
1#  print(lambda x:x*10) #定义匿名函数
2#  print((lambda x:x*10)(20)) #定义及调用匿名函数
```

```
3#   fun=lambda x:x*10 #将匿名函数赋值给变量
4#   print(fun(20)) #将变量名当作函数名调用
```

第 1 行代码 print(lambda x:x*10)，其中 lambda x:x*10 就是匿名函数，x 是参数，x*10 是处理的表达式及返回值。使用 print 函数在屏幕上输出该匿名函数，返回 <function <lambda> at 0x00000297A62AB1F8>，可以看出它是一个函数，而且是匿名的。

第 2 行代码 print((lambda x:x*10)(20))，其中(lambda x:x*10)这部分虽然没有名称，但可以看成是函数，再看(20)部分，相当于匿名函数的参数，将 20 传给 x 参数，然后处理 20*10，最后返回的结果为 200。

第 3 行代码 fun=lambda x:x*10，将匿名函数表达式赋值给 fun 变量。

第 4 行代码 print(fun(20))，将 fun 变量当作函数名，然后将 20 传给 x 参数，最后返回的结果是 200。

9.6.2 匿名函数的常见书写方式

匿名函数与 def 定义的普通函数一样，可以有不同类型的参数，案例代码如下所示，代码在"Chapter-9-13.py"文件中。

```
1#   fun1=lambda x,y:x+y #必选参数的匿名函数
2#   print(fun1(10,20)) #调用 fun1 函数
3#   fun2=lambda x,y=20:x+y #可选参数的匿名函数
4#   print(fun2(10)) #调用 fun2 函数
5#   fun3=lambda l,*fun:[f(l) for f in fun] #不定长参数的匿名函数 1
6#   print(fun3([3,4,5],sum,max,min)) #调用 fun3 函数
7#   fun4=lambda l,**fun:[k+':'+str(i(l)) for k,i in fun.items()] #不定长参
     数的匿名函数 2
8#   print(fun4([3,4,5],求和=sum,最大=max,最小=min)) #调用 fun4 函数
```

第 1 行代码 fun1=lambda x,y:x+y，必选参数是 x 和 y，处理表达式是将两个参数相加，再将匿名函数赋值给 fun1 变量。

第 2 行代码 print(fun1(10,20))，给 fun1 变量传入参数并输出，结果为 30。

第 3 行代码 fun2=lambda x,y=20:x+y，x 是必选参数，y 是可选参数，默认值是 20，处理表达式是将两个参数相加，再将匿名函数赋值给 fun2 变量。

第 4 行代码 print((fun2(10))，x 参数接收的是 10，而 y 参数使用默认值 20，最后

fun2 的输出结果为 30。

第 5 行代码 fun3=lambda l,*fun:[f(l) for f in fun]，l 是必选参数，*fun 是不定长参数，用元组存储数据，处理表达式是用 fun 元组接收到的函数去处理 l 参数中的值，再将匿名函数赋值给 fun3 变量。

第 6 行代码 print(fun3([3,4,5],sum,max,min))，l 参数接收的是[3,4,5]，而 fun 参数接收的是(<built-in function sum>,<built-in function max>, <built-in function min>)，最后 fun3 的输出结果为[12, 5, 3]。

第 7 行代码 fun4=lambda l,**fun:[k+':'+str(i(l)) for k,i in fun.items()]，l 是必选参数，**fun 是不定长参数，用字典存储数据。处理表达式是用 fun 字典接收到的函数去处理 l 参数中的值，再将匿名函数赋值给 fun4 变量。

第 8 行代码 print(fun4([3,4,5],求和=sum,最大=max,最小=min))，l 参数接收的是 [3,4,5]，而 fun 参数接收的是{'求和': <built-in function sum>, '最大': <built-in function max>, '最小': <built-in function min>}，最后 fun4 的输出结果为['求和:12', '最大:5', '最小:3']。

9.6.3　匿名函数应用案例：根据身份证号判断性别

本案例根据"身份证表"工作表 A 列单元格的身份证号第 17 位数字判断性别，奇数为男，偶数为女，然后将结果写入 B 列单元格，如图 9-8 所示。

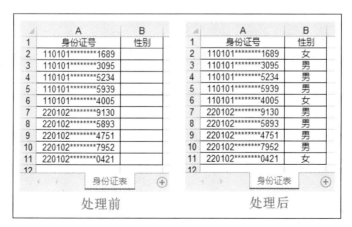

图 9-8　根据身份证号判断性别

本案例的编程思路是使用匿名函数定义一个判断性别的函数，然后调用即可。

本案例代码如下所示，代码在"Chapter-9-14.py"文件中。

```
1#  import xlrd #导入读取 XLS 文件的库
2#  from xlutils.copy import copy #导入工作簿复制函数
3#  wb=xlrd.open_workbook('Chapter-9-14-1.xls');ws=wb.sheet_by_name(' 身
    份证表') #读取工作簿和工作表
4#  nwb=copy(wb);nws=nwb.get_sheet('身份证表') #复制工作簿，并读取副本工作簿中
    的工作表
5#  for row_num in range(1,ws.nrows): #循环"身份证表"工作表的行号
6#      card=lambda id:'男' if int(id[-2])%2==1 else '女' #自定义根据身份证号
    判断性别的匿名函数
7#      val=ws.cell_value(row_num, 0) #获取 A 列的身份证号并赋值给 val 变量
8#      nws.write(row_num,1,card(val)) #将 val 作为匿名函数 card 的参数，将判断
    出的性别写入 B 列单元格
9#  nwb.save('Chapter-9-14-1.xls') #保存副本工作簿
```

第 1~4 行代码为读取和写入数据做准备。

第 5 行代码 for row_num in range(1,ws.nrows):，循环行号并赋值给 row_num 变量。

第 6 行代码 card=lambda id:'男' if int(id[-2])%2==1 else '女'，id 是必选参数，是接收身份证号的参数，处理语句是'男' if int(id[-2])%2==1 else '女'，意思是提取倒数第 2 位数字，然后获得该数字除以 2 的余数，如果等于 1，则返回"男"，否则返回"女"。最后将匿名函数赋值给 card 变量， card 就相当于函数名。

第 8 行代码 nws.write(row_num,1,card(val))，其中 card(val)表示将 val 变量的值，也就是身份证号作为 card 函数的参数，最后将判断的结果写入 B 列单元格。

注意，实际上匿名函数的作用还没有完全体现出来，后面在介绍高阶函数时，还会用到匿名函数。

9.7 自定义函数存放在.py 文件中

自定义函数可以被单独存放在一个.py 文件中，这样其他.py 文件也可以调用，实现自定义函数的复用。下面介绍如何调用指定.py 文件中的自定义函数。我们将之前学习的一部分自定义函数放在 fun.py 文件中，然后在另外的.py 文件中调用，代码如

下所示。

```
1#  def average(lst):#平均函数
2#      num=sum(lst)/len(lst) #平均处理
3#      avg=float('{:.2f}'.format(num)) #格式化平均值
4#      return avg #返回平均值
5#  def intercept(s,num,delimiter):#分段函数
6#      s1=str(s) #将要分段的对象转换为字符串类型
7#      lst=[s1[n:n+num] for n in range(0,len(s1),num)] #对数据进行分段处理
8#      s2=delimiter.join(lst) #合并分段的列表
9#      return s2 #将合并结果返回给函数
10# def vlookup(val,lst,num=1):#模仿 vlookup 函数
11#      r=lst[0].index(val) #对 lst 列表的第 1 个元素使用 index 函数进行查找，将返回
       值赋值给 r 变量
12#      v=lst[num][r] #再使用 num 变量和 r 变量确定截取位置
13#      return v #将截取的值返回给函数
14# def combine(range,join_range,delimiter=' '): #分类合并字符串
15#      dic={} #初始化 dic 变量为空字典
16#      for x,y in zip(range,join_range): #使用 zip 函数将 range 和 join_range
       接收的值做组合转换，并赋值给 x 和 y 变量
17#          if not x in dic: #如果 x 在 dic 字典中不存在
18#              dic[x]=[y] #则以 x 为键、y 为值创建键值，注意 y 是写在列表中的
19#          else: #否则
20#              dic[x].append(y) #如果 x 键存在，则将 y 添加到对应的值列表中
21#      l=[(k,delimiter.join([str(i) for i in dict.fromkeys(i)])) for k,i
    in dic.items()] #将键对应的值列表去重合并
22#      return l #l 变量是列表，列表中的元素是元组类型，元组中存储的是 dic 字典的键，
     以及 dic 字典对应的值合并后的字符串
```

9.7.1 函数定义在单独.py 文件中

Chapter-9-15.py 文件与 fun.py 文件存放在同一个文件夹中，如图 9-9 所示。fun.py 文件中存放的是自定义函数，要求在 Chapter-9-15.py 文件中调用 fun.py 文件中的函数。

顺便说一句，在图 9-9 中还有一个 "__pycache__" 文件夹，是在导入 fun.py 文件时产生的文件夹，目的是让程序启动更快一点，当用户的脚本更改时，它将被重新编译，如果删除文件或删除整个文件夹并再次运行程序，它将重新出现，一般忽略即可。

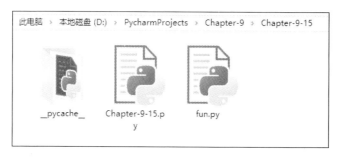

图 9-9　文件夹

调用相同文件夹中的函数的案例代码如下所示，代码在"Chapter-9-15.py"文件中。

```
1#  import fun #导入函数文件名
2#  print(fun.average([1,2,3,4,5,6])) #调用 fun 文件中的 average 函数
3#  print(fun.intercept('5120124575',4,'-')) #调用 fun 文件中的 intercept 函数
4#
5#  from fun import * #导入 fun 文件中的所有函数
6#  print(intercept('4523465745',4,'、')) #直接调用函数
7#
8#  from fun import average #导入 fun 文件中指定的函数
9#  print(average([4,2,7])) #直接调用函数
```

第 1 行代码 import fun，直接导入函数文件名，注意不要写扩展名.py。

第 2 行代码和第 3 行代码调用函数，fun.average 表示调用 fun 文件中的 average 函数。同理，fun. Intercept 表示调用 fun 文件中的 intercept 函数。

第 5 行代码 from fun import *，表示导入 fun 文件中的所有函数。

第 6 行代码直接调用 intercept 函数。

第 8 行代码 from fun import average，表示只导入 fun 文件中的 average 函数。

第 9 行代码就可以调用 average 函数了，但也只能调用 average 函数，因为只导入了 average 函数。

9.7.2　函数定义在文件夹中

如果 Chapter-9-16.py 文件要调用的函数在 demo 文件夹的 fun.py 文件中，如图 9-10 所示，在引用时该如何表达？

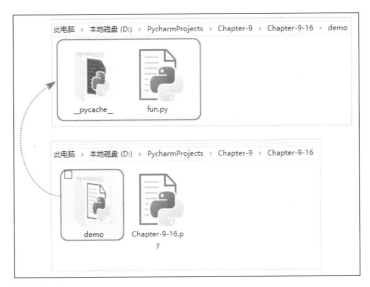

图 9-10   调用不同文件夹中的函数

调用不同文件夹中的函数的案例代码如下所示，代码在"Chapter-9-16.py"文件中。

```
1# from demo.fun import * #导入文件夹中指定的 fun.py 文件里的所有函数
2# print(average([1,2,3,4,5,6])) #直接调用函数
3# print(intercept('5120124575',4,'-')) #直接调用函数
4#
5# from demo.fun import average #导入文件夹中指定的 fun.py 文件里的所有函数
6# print(average([43,52,12])) #直接调用函数
```

第 1 行代码 from demo.fun import *，其中 demo.fun 表示 demo 文件夹中的 fun.py 文件，导入该文件中的所有函数。

第 2 行代码和第 3 行代码直接调用 fun.py 文件中的 average 函数和 intercept 函数。

第 5 行代码 from demo.fun import average，表示导入 demo 文件夹中 fun.py 文件的 average 函数。

第 6 行代码直接调用 average 函数，但也只能调用 average 函数，因为只导入了该函数。

第 10 章

Python 高级函数——常用高阶函数应用

高阶函数是 Python 中非常有用的功能函数。一个函数可以接收另一个函数作为参数，这样的函数叫作高阶函数。高阶函数是函数式编程的一种。Python 中内置的高阶函数有 map 函数、filter 函数和 sorted 函数。

10.1 map 转换函数

map 函数可以根据提供的函数对指定序列做映射。map 函数接收两个参数，第 1 个参数为函数，第 2 个参数为序列。map 函数的功能是将传入的函数依次作用于传入序列的每个元素，返回的结果是一个可迭代对象。下面看看 map 函数的语法结构。

函数语法：

map(func, *iterables)

参数说明：

func：函数。

iterables：一个或多个序列。

10.1.1 map 函数的第 1 个参数为内置函数

例如，现在要统计['8','99','666']列表中每个元素的长度，需要使用内置函数 len。下面分别使用列表推导式和 map 函数来完成，代码如下所示，代码在 "Chapter-10-1.py" 文件中。

```
1# print([len(n) for n in ['8','99','666']]) #使用列表推导式统计列表中每个元
   素的长度
2# print(list(map(len,['8','99','666']))) #使用 map 函数统计列表中每个元素的长
   度
```

第 1 行代码 print([len(n) for n in ['8','99','666']])，将列表中的元素循环出来赋值给 n 变量，然后将 n 变量作为 len 函数的参数，最后输出的结果为[1, 2, 3]。

第 2 行代码 print(list(map(len,['8','99','666'])))，map 函数的第 1 个参数直接写入函数名 len，不用写函数对应的参数；map 函数的第 2 个参数写入['8','99','666']列表。整个 map(len,['8','99','666'])返回的是<map object at 0x0000020EB3225688>，也就是一个可迭代对象。如果需要转换为列表，则在外层加 list 即可。最后输出的结果为[1, 2, 3]，当然也可以转换为其他序列。

10.1.2　map 函数的第 1 个参数为自定义函数

现在自定义一个做平方计算的函数 square，然后将[1,2,3,4]列表中的元素都带入 square 函数做平方计算。下面分别使用列表推导式和 map 函数来完成，代码如下所示，代码在"Chapter-10-2.py"文件中。

```
1#  #自定义平方计算函数
2#  def square(x):
3#      return x**2
4#  #调用自定义函数
5#  print([square(n) for n in [1,2,3,4]]) #使用列表推导式完成每个元素的平方计算
    print(list(map(square,[1,2,3,4]))) #使用 map 函数完成每个元素的平方计算
```

第 5 行代码 print([square(n) for n in [1,2,3,4]])，将列表中的元素循环赋值给 n 变量，然后将 n 变量作为 square 函数的参数，最后输出的结果为[1, 4, 9, 16]。

第 6 行代码 print(list(map(square,[1,2,3,4])))，map 函数的第 1 个参数直接写入函数名称 square，第 2 个参数写入[1,2,3,4]列表，使用 list 将 map 函数的结果转换为列表，最后输出的结果为[1, 4, 9, 16]。

由此可以看出，map 函数的第 1 个参数使用内置函数和使用自定义函数的结果是一样的。

10.1.3　map 函数的第 1 个参数为匿名函数

因为数字的平方计算比较简单，所以也可以使用匿名函数。下面分别使用列表推导式和 map 函数来完成，代码如下所示，代码在"Chapter-10-3.py"文件中。

```
1#  print([(lambda x:x**2)(n) for n in [1,2,3,4]]) #用列表推导式完成每个元素
    的平方计算
2#  print(list(map(lambda x:x**2,[1,2,3,4]))) #使用 map 函数完成每个元素的平方
    计算
```

第 1 行代码 print([(lambda x:x**2)(n) for n in [1,2,3,4]])，其中(lambda x:x**2)相当于定义了一个函数，只不过该函数没有名称，其中的(n)相当于函数的参数，n 表示[1,2,3,4]列表中的每个元素，最后输出的结果为[1, 4, 9, 16]。

第 2 行代码 print(list(map(lambda x:x**2,[1,2,3,4])))，其中 map 函数的第 1 个参数是 lambda x:x**2，是一个匿名函数，由于 map 函数的第 1 个参数只要求写函数名，

因此不用在匿名函数的后面加(n)。其他处理方式相同,最后输出的结果为[1, 4, 9, 16]。

注意,如果自定义函数比较复杂,那么就使用 def 方式定义函数;如果

自定义函数比较简单,那么就使用 lambda 关键字将其定义为匿名函数。

10.1.4　map 函数的第 1 个参数是多参数

前面无论是使用列表推导式,还是使用 map 函数,调用的函数都只有一个参数,如果有两个、三个,甚至更多参数呢?比如,我们将[1,2]和[10,20]两个列表对应位置的元素相加,也就是[1+10,2+20],最后返回的结果是[11,22],使用 map 函数该怎么写?代码如下所示,代码在 "Chapter-10-4.py" 文件中。

```
1# print([a+b for a,b in zip([1,2],[10,20])]) #使用列表推导式将两个列表相加,
   方法 1
2# print([(lambda x,y:x+y)(a,b) for a,b in zip([1,2],[10,20])]) #使用列表
   推导式将两个列表相加,方法 2
   print(list(map(lambda x,y:x+y,[1,2],[10,20]))) #使用 map 函数将两个列表相
   加
```

第 1 行代码 print([a+b for a,b in zip([1,2],[10,20])]),其中 zip([1,2],[10,20])会转换为[[1,10],[2,20]],a 变量和 b 变量分别代表循环出来的第 0 个元素和第 1 个元素。最后处理的方式是 a+b,返回的结果为[11,22]。

第 2 行代码 print([(lambda x,y:x+y)(a,b) for a,b in zip([1,2],[10,20])]),关键看(lambda x,y:x+y)部分,x 和 y 分别表示当前的匿名函数需要的两个参数,然后将这两个参数的值相加。(a,b)表示给匿名函数的两个参数赋值,最后返回的结果为[11,22]。

第 3 行代码 print(list(map(lambda x,y:x+y,[1,2],[10,20]))),关键看 lambda x,y:x+y 部分,与第 2 行代码的匿名函数相同,只不过没有给参数赋值,匿名函数中的 x 参数获取 map 函数第 2 个参数[1,2]列表中的元素,y 参数获取第 3 个参数[10,20]列表中的元素,以此类推。可以发现,使用 map 函数不用像使用列表推导式那样用 zip 函数来转换,最后返回的结果为[11,22]。

10.1.5　高阶函数 map 应用案例:转换二维表为一维表

本案例将 "分数表" 工作表中的各科分数转换成一维表,最后如 "转换表" 工作

表中的效果，如图 10-1 所示。

本案例的解题思路是将每行数据转换成一维表格，格式化后写入指定的工作表。

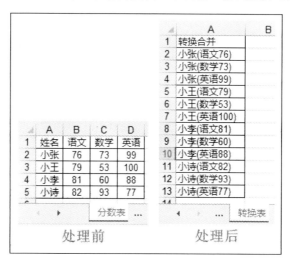

图 10-1 转换二维表为一维表

本案例代码如下所示，代码在"Chapter-10-5.py"文件中。

```
1#  import xlrd #导入读取 XLS 文件的库
2#  from xlutils.copy import copy #导入复制工作簿函数
3#  wb=xlrd.open_workbook('Chapter-10-5-1.xls');ws=wb.sheet_by_name('分数
    表') #读取工作簿和工作簿中的工作表
4#  nwb=copy(wb);nws=nwb.get_sheet('转换表') #复制工作簿并读取副本工作簿中的工作
    表
5#  l=[[[n.value]*3,['语文','数学','英语'],[x.value,y.value,z.value]] for
    n,x,y,z in ws.get_rows()] #获取工作表各行的数据并格式化
6#  row_num=0;nws.write(0,0,'转换合并') #初始化 row_num 变量为 0，给"转换合并"工
    作表写入表头
7#  for x,y,z in l[1:]: #循环 l 变量中的数据
8#      for k in map(lambda a,b,c:'{}({}{:.0f})'.format(a,b,c),x,y,z): #转
        换 l 变量中的数据并格式化
9#          row_num +=1 #将 row_num 变量累加 1，作为写入时的行号
10#         nws.write(row_num,0,k) #将格式化后的数据写入"转换合并"工作表 A 列单元格
11# nwb.save('Chapter-10-5-1.xls') #保存副本工作簿
```

第 5 行代码 l=[[[n.value]*3,['语文','数学','英语'],[x.value,y.value,z.value]] for n,x,y,z in ws.get_rows()]，其中，n 表示姓名，x 表示语文，y 表示数学，z 表示英语。下面以第一条记录 小张 76 73 99 为例进行说明。

[n.value]*3，表示将每行的姓名重复 3 次，返回值为['小张', '小张', '小张']。

['语文','数学','英语']，表示获取每个科目的名称。

[x.value,y.value,z.value]，表示获取各科目的分数[76.0, 73.0, 99.0]。

循环迭代第一条记录，返回的结果为[['小张', '小张', '小张'], ['语文', '数学', '英语'], [76.0, 73.0, 99.0]]。处理第一条记录后面的记录的原理相同。把所有记录处理完成后赋值给 l 变量。

第 7 行代码 for x,y,z in l[1:]，l 列表包含表头，所以要跳过，表示为 l[1:]。其中，x 表示姓名列表，y 表示科目列表，z 表示分数列表。

第 8 行代码 for k in map(lambda a,b,c:'{}({}{:.0f})'.format(a,b,c),x,y,z)，先看 map 函数的第 1 个参数 lambda a,b,c:'{}({}{:.0f})'.format(a,b,c)，它是一个匿名函数，该匿名函数有 a、b、c 3 个参数，分别对应 x、y、z 3 个变量。匿名函数的处理表达式是 '{}({}{:.0f})'.format(a,b,c)，意思是将 a、b、c 3 个参数接收到的值合并成字符串，假如处理第一条记录[['小张', '小张', '小张'], ['语文', '数学', '英语'], [76.0, 73.0, 99.0]]，整个 map 函数处理后的返回值相当于[小张(语文 76),小张(数学 73),小张(英语 99)]，然后循环赋值给 k 变量。

第 10 行代码，将 k 变量中的值写入"转换合并"工作表 A 列单元格。

10.2 filter 筛选函数

filter 函数用于筛选序列，去除不符合条件的元素，返回符合条件的元素并组成新的序列。filter 函数接收两个参数，第 1 个参数为函数，第 2 个参数为序列，序列的每个元素作为参数传递给函数进行判断，返回 True 或 False，将返回 True 对应的元素放到新序列。

函数语法：

filter(function, iterable)

参数说明：

function：判断函数，能返回逻辑值 True 或 False 的函数。

iterable：可迭代对象。

10.2.1 使用 filter 筛选函数筛选列表

filter 函数的运行规则与 map 函数的运行规则相同，不同的是 map 函数的第 2 参数 iterables 是可变参数，可以接收多个序列对象，而 fiter 函数的第 2 个参数 iterable 是必选参数，只能接收一个序列对象。

例如，对[100,57,88,66,99]列表进行筛选，筛选出大于或等于 80 的元素，组成一个新列表。下面看看使用 filter 函数如何处理，代码如下所示，代码在 "Chapter-10-6.py" 文件中。

```
1#  lst=[100,57,88,66,99] #被筛选的列表
2#  # 使用列表推导式进行筛选
3#  print([n for n in lst if n>=80])
4#  # 自定义函数与 filter 函数结合进行筛选
5#  def fun(x):
6#      return x>=80
7#  print(list(filter(fun,lst)))
8#  # 匿名函数与 filter 函数结合进行筛选
9#  print(list(filter(lambda x:x>=80,lst)))
```

第 3 行代码是使用列表推导式完成的，这里不再赘述。

第 5~7 行代码是使用 filter 函数完成的，首先在第 5 行和第 6 行自定义 fun 函数，然后在第 7 行写入 print(list(filter(fun,lst)))，filter 函数的第 1 个参数是自定义函数 fun，第 2 个参数是 lst 列表。filter 函数返回的结果为<filter object at 0x0000023F37D46888>，是一个可迭代对象，在外层使用 list 就可以将其转换为列表，返回的结果是[100, 88, 99]。

第 9 行代码 print(list(filter(lambda x:x>=80,lst)))，filter 函数的第 1 个参数直接写入匿名函数 lambda x:x>=80，第 2 个参数也是 lst 列表，最后返回的结果也是[100, 88, 99]。

10.2.2 高阶函数 filter 应用案例：计算美式排名、中式排名

本案例对总分进行美式排名和中式排名。在进行美式排名时，如果有名次相同，就会占用后续名次，比如有两个 285 分并列第 3 名，那么就没有第 4 名，下一个名次

是第 5 名；而在进行中式排名时，名次相同不会占用后续名次，比如两个 285 分并列第 3 名，下一个名次是第 4 名。排名前后的效果如图 10-2 所示。

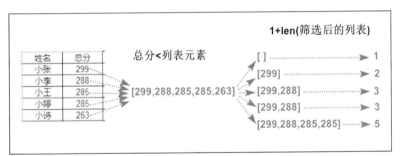

图 10-2   计算美式排名、中式排名前后的效果

如图 10-3 所示是美式排名的编程思路，首先将要计算名次的总分与所有总分做小于的比较筛选，再对筛选结果使用 len 函数计数，并且要加上 1，否则名次是从 0 开始的。

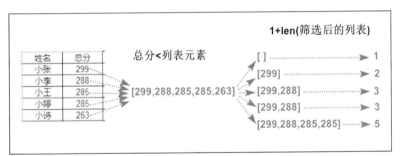

图 10-3   美式排名的编程思路

如图 10-4 所示是中式排名的编程思路，总体思路与美式排名的总体思路相同，只是要对所有总分进行去重，这里使用 set 方法来转换。

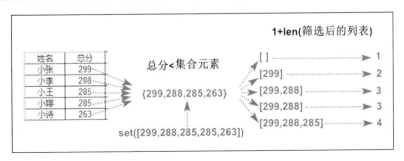

图 10-4   中式排名的编程思路

本案例代码如下所示，代码在 "Chapter-10-7.py" 文件中。

```
1#  import xlrd #导入读取 XLS 文件的库
2#  from xlutils.copy import copy #导入复制工作簿函数
3#  wb=xlrd.open_workbook('Chapter-10-7-1.xls');ws=wb.sheet_by_name('分数
    表') #读取工作簿和工作簿中的工作表
4#  nwb=copy(wb);nws=nwb.get_sheet('分数表') #复制工作簿并读取副本工作簿中的工作
    表
5#  lst=ws.col_values(1)[1:] #获取 B 列的分数
6#  for num in range(1,ws.nrows): #获取行号循环
7#      en_rank=1+len(list(filter(lambda x: lst[num-1]<x,lst))) #计算美式排
    名
8#      cn_rank=1+len(list(filter(lambda x: lst[num-1]<x,set(lst)))) #计算
    中式排名
9#      nws.write(num,2,en_rank) #将美式排名写入 C 列
10#     nws.write(num,3,cn_rank) #将美式排名写入 D 列
11# nwb.save('Chapter-10-7-1.xls') #保存副本工作簿
```

第 7 行代码 en_rank=1+len(list(filter(lambda x: lst[num-1]<x,lst)))，首先看 filter(lambda x: lst[num-1]<x,lst)部分，lst[num-1]是要比较的总分，lst 是所有的总分，然后定义匿名函数 lambda x: lst[num-1]<x 进行比较筛选，filter 函数返回的结果就是筛选的结果。在外层使用 list 转换为列表，再套上 len 函数进行计数，最后加 1 就是最终的美式排名。

第 8 行代码 cn_rank=1+len(list(filter(lambda x: lst[num-1]<x,set(lst))))，计算中式排名，其编程思路与美式排名的编程思路相同，其中 set(lst)部分是对所有的总分进行去重，只有这一点不同。

10.3 排序函数 sort 与 sorted

排序是数据处理中必不可少的工作，Python 中提供了 sort 和 sorted 两个排序函数。使用 sort 函数可以在原列表中排序，而使用 sorted 函数排序后会生成一个新的列表。

10.3.1 排序函数 sort

sort 函数用于对列表排序，排序之后列表中元素的顺序会改变。下面是 sort 函数的语法结构。

函数语法：

sort(key=None, reverse=False)

参数说明：

key：可选参数，用户可以用函数来确定比较方式。

reverse：可选参数，当 reverse=False 时，按升序排列；当 reverse=True 时，按降序排列。默认为 False。

> 注意，sort 函数的 key 参数和 reverse 参数是命名关键字参数，也就是说，在给这两个参数传值的时候，一定要用"参数名=值"这种格式，不能省略。

使用 sort 函数的案例代码如下所示，代码在"Chapter-10-8.py"文件中。

```
1#  l1=[8,15,19,10]  #被排序的列表
2#  l1.sort(reverse=False);print(l1)  #按升序排列
3#  l1.sort(reverse=True);print(l1)   #按降序排列
```

第 2 行代码 l1.sort(reverse=False)，表示按升序排列，也可以写作 l1.sort()，因为默认是按升序排列的，运行 print(l1)后，返回的结果为[8, 10, 15, 19]。

第 3 行代码 l1.sort(reverse=True)，表示按降序排列，运行 print(l1)后，返回的结果为[19, 15, 10, 8]。

上面对[8,15,19,10]列表排序时只用到了 sort 函数的 reverse 参数，那何时会用 key 参数呢？假如对[('张三',88),('李四',99),('王二',85)]列表按分数排序，就需要用 key 参数了，代码如下所示，代码在"Chapter-10-9.py"文件中。

```
1#  l1=[('张三',88),('李四',99),('王二',85)]  #被排序的列表
2#  l1.sort(key=lambda x:x[1],reverse=False);print(l1)  #按分数升序排列
3#  l1.sort(key=lambda x:x[1],reverse=True);print(l1)   #按分数降序排列
```

第 2 行代码 l1.sort(key=lambda x:x[1],reverse=False)，其中 key 参数是匿名函数 lambda x:x[1]，表示获取传入值的第 1 个元素。哪些值会传入呢？自然是传入 l1 列表中的元素。比如，传入第 0 个元素('张三',88)，那么 x 就是获取('张三',88)，匿名函数的返回值是 x[1]，相当于返回('张三',88)[1]，也就是返回 88。总的来说，就是以分数为排序依据。reverse=False 表示按升序排列，也可以忽略不写。运行 print(l1)后，返

回的结果为[('王二', 85), ('张三', 88), ('李四', 99)]，可以看到是以分数多少来排序列表中的元组的。

第 3 行代码只是换成了按降序排列，运行 print(l1) 后，返回的结果为[('李四', 99), ('张三', 88), ('王二', 85)]。

> 注意，key 参数可以是内置函数、自定义函数、匿名函数。

10.3.2　排序函数 sorted

sorted 函数的作用与 sort 函数的作用一样，只是 sorted 函数不会改变原来的序列对象，而是返回一个新的列表。sort 函数只能对列表排序，而 sorted 函数可以对任何一个可迭代对象排序，执行后最终返回的结果也是新列表。sorted 函数的语法结构如下。

函数语法：

sorted(iterable,key= None,reverse =False)

参数说明：

iterable：必选参数，任何可迭代的对象。

key：可选参数，用户用函数来确定比较方式。

reverse：可选参数，当 reverse=False 时，按升序排列；当 reverse=True 时，按降序排列。默认为 False。

> 注意，sorted 函数的 iterable 参数不是命名关键字参数，而 key 参数和reverse 参数是命名关键字参数。

虽然 sorted 函数的用法与 sort 函数的用法基本相同，但还是要学习一些典型的应用。案例代码如下所示，代码在 "Chapter-10-10.py" 文件中。

```
1#  print(sorted[4,2,6]))
2#  print(sorted(('cb','a','cba'),key=len))  #对元组排序
3#  print(sorted({'b-10','c-8','a-14'},key=lambda x:int(x.split('-')[1])))
    #对集合排序
```

第 1 行代码 print(sorted([4,2,6]))，对列表中的元素进行排序，返回的结果为[2, 4, 6]。

第 2 行代码 print(sorted(('cb','a','cba'),key=len))，对元组中的元素进行排序，key=len 表示按字符数排序，返回的结果为['a', 'cb', 'cba']。

第 3 行代码 print(sorted({'b-10','c-8','a-14'},key=lambda x:int(x.split('-')[1])))，对集合中的元素进行排序，key=lambda x:int(x.split('-')[1])表示将字符串按横线拆分，然后截取横线后的数字作为排序的依据，也就是按数字大小排序，返回的结果为['c-8', 'b-10', 'a-14']。

10.3.3　高阶函数 sort 应用案例：对字符串中的数据排序

本案例对"销量表"工作表中"销量"列的产品销量进行降序排列，如图 10-5 所示。

本案例的编程思路是将 B 列单元格的值按照顿号拆分成列表，然后对列表进行排序，使用匿名函数按冒号后面数量的多少进行降序排列，最后按顿号合并成字符串写入 C 列单元格。

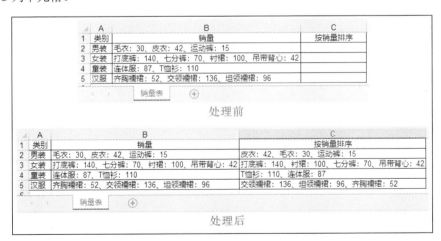

图 10-5　按销量排序的前后效果

本案例代码如下所示，代码在"Chapter-10-11.py"文件中。

```
1#  import xlrd #导入读取 XLS 文件的库
2#  from xlutils.copy import copy #导入复制工作簿函数
3#  wb=xlrd.open_workbook('Chapter-10-11-1.xls');ws=wb.sheet_by_name('销
```

```
           量表') #读取工作簿和工作簿中的工作表
4#    nwb=copy(wb);nws=nwb.get_sheet('销量表') #复制工作簿并读取副本工作簿中的工
      作表
5#    for row_num in range(1,ws.nrows): #获取工作表行号并循环
6#        lst=ws.cell_value(row_num,1).split('、') #以顿号拆分 B 列单元格的值，使
      其成为列表
7#        lst.sort(key=lambda x:int(x.split(': ')[1]),reverse=True) #以数量为
      排序依据，进行降序排列
8#        val='、'.join(lst) #将排序后的列表用顿号合并成字符串
9#        nws.write(row_num,2,val) #将 val 变量的值写入 C 列单元格
      nwb.save('Chapter-10-11-1.xls') #保存副本工作簿
```

第 1~4 行代码为数据的读取和写入做准备。

第 5 行代码 for row_num in range(1,ws.nrows):，获取要循环的行号，然后赋值给
row_num 变量。

第 6 行代码 lst=ws.cell_value(row_num,1).split('、')，将 B 列单元格中的值按顿号
拆分成列表，然后赋值给 lst 变量。

第 7 行代码 lst.sort(key=lambda x:int(x.split(': ')[1]),reverse=True)，将 lst 列表中的
元素按冒号进行拆分，然后截取数量，以数量为依据进行降序排列。假如 lst 变量的
值是['毛衣：30', '皮衣：42', '运动裤：15']，运行 sort 函数后，lst 变量的返回值是['皮
衣：42', '毛衣：30', '运动裤：15']。

第 8 行代码 val='、'.join(lst)，使用 join 函数以顿号为分隔符进行合并，然后赋值
给 val 变量。

第 9 行代码 nws.write(row_num,2,val)，将 val 变量中的值写入 C 列单元格。

10.3.4　高阶函数 sorted 应用案例：改进美式排名和中式排名的算法

在 10.2.2 节中，已经做过了美式排名和中式排名，效果如图 10-6 所示。如果数据
量大，就会比较占内存，这时使用排序方法算法更优、速度更快。

首先看美式排名算法,如图 10-7 所示,先使用 sorted 函数对总分列表做降序排列，
然后使用 index 函数查找每个总分在降序后总分列表中的位置，这个位置就可以作为
名次。因为总分列表的序列位置是从 0 开始的，所以位置变量要加 1。

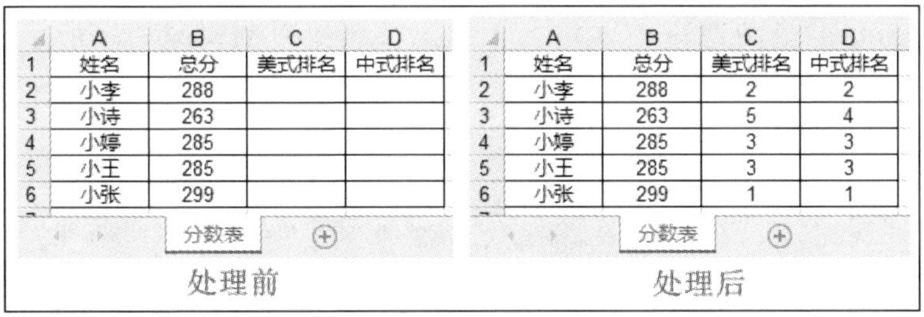

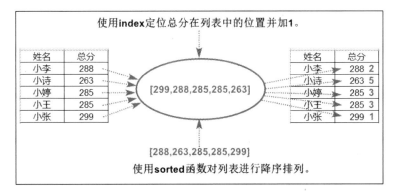

图 10-6   美式排名和中式排名案例效果

图 10-7   美式排名算法

再看中式排名算法，如图 10-8 所示，首先使用 set 函数对总分列表做去重复处理，然后使用 sorted 函数对集合做降序排列，最后使用 index 函数查找每个总分在总分列表中的位置，这个位置就可以作为名次。因为总分列表的序列位置是从 0 开始的，所以位置变量要加 1。

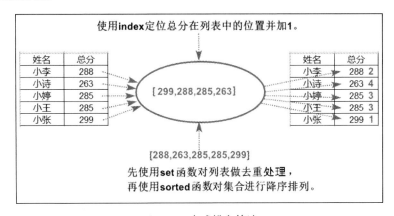

图 10-8   中式排名算法

使用 sorted 函数改进美式排名和中式排名的案例代码如下所示，代码在 "Chapter-10-12.py" 文件中。

```
1# import xlrd #导入读取 XLS 文件的库
2# from xlutils.copy import copy #导入复制工作簿函数
3# wb=xlrd.open_workbook('Chapter-10-12-1.xls');ws=wb.sheet_by_name('分
   数表') #读取工作簿和工作簿中的工作表
4# nwb=copy(wb);nws=nwb.get_sheet('分数表') #复制工作簿并读取副本工作簿中的工作
   表
5# lst=ws.col_values(1)[1:] #获取 B 列的分数
6# for num in range(1,ws.nrows): #获取行号循环
7#     en_rank=sorted(lst,reverse=True).index(lst[num-1])+1 #计算美式排名
8#     cn_rank=sorted(set(lst),reverse=True).index(lst[num-1])+1 #计算中式
   排名
9#     nws.write(num,2,en_rank) #将美式排名写入 C 列
10#    nws.write(num,3,cn_rank) #将中式排名写入 D 列
11# nwb.save('Chapter-10-12-1.xls') #保存副本工作簿
```

第 1~4 行代码为数据的读取和写入做准备。

第 5 行代码 lst=ws.col_values(1)[1:]，获取要进行排名的分数列表，然后赋值给 lst 变量。

第 6 行代码 for num in range(1,ws.nrows):，循环写入数据的行号，是一个序列数，可以做其他对象的索引值。

第 7 行代码 en_rank=sorted(lst,reverse=True).index(lst[num-1])+1，先看 sorted(lst,reverse=True)部分，对总分列表 lst 做降序排列，得到[299, 288, 285, 285, 263]，然后在此列表中使用index 函数查找指定总分的位置，最后加 1 得到的便是美式排名。

第 8 行代码 cn_rank=sorted(set(lst),reverse=True).index(lst[num-1])+1，先看 set(lst) 部分，对总分列表 lst 做去重复处理，得到集合{299,288, 285, 263}，再使用 sorted 函数对集合进行降序排列，得到[299,288, 285, 263]列表，然后在此列表中使用 index 函数查找指定总分的位置，最后加 1 得到的便是中式排名。

第 11 章

优秀的 Python 第三方库——openpyxl 库

　　openpyxl 库是一个读写 XLSX 文档的 Python 库，要处理更早版本的 XLS 文档，可以用之前学习的 xlrd 库和 xlwt 库。openpyxl 库是一个比较综合的工具，能够同时读取和修改 Excel 文档。使用 openpyxl 库不但可以对 Excel 文件进行读、写操作，还可以对单元格样式、图表、条件格式、数据透视表等进行设置。

11.1　安装 openpyxl 库

openpyxl 库的安装方法与之前学习的 xlrd、xlwt 等库的安装方法相同。单击 "Settings" 对话框右侧的 + 图标，然后搜索并添加 openpyxl 库即可，如图 11-1 所示。

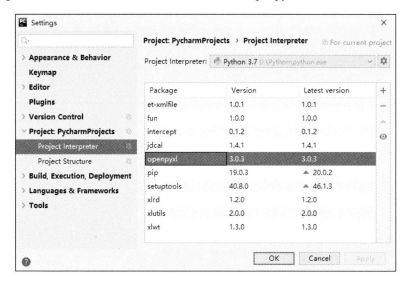

图 11-1　搜索并添加 openpyxl 库

11.2　工作簿的基本操作

对 Excel 文件进行操作，最基本的操作有新建、读取和保存，掌握这些操作才能做后续的数据处理工作。

11.2.1　工作簿的新建

工作簿的新建是使用 openpyxl 库中的 Workbook 类来完成的，案例代码如下所示，代码在 "Chapter-11-1.py" 文件中。

```
1# import openpyxl #导入库
2# nwb=openpyxl.Workbook() #新建工作簿
3# nwb.save('Chapter-11-1-1.xlsx') #保存工作簿
```

第 1 行代码 import openpyxl，表示导入 openpyxl 库。

第 2 行代码 nwb=openpyxl.Workbook()，新建工作簿并赋值给 nwb 变量。注意，Workbook()的第一个字母 W 是大写的。

第 3 行代码 nwb.save('Chapter-11-1-1.xlsx')，保存工作簿使用的是 save 方法，保存的地址可以是绝对路径，也可以是相对路径。当前保存位置是相对路径，与"Chapter-11-1.py"文件在同一个位置。保存的扩展名必须是新版 Excel 文件扩展名.xlsx。

新建工作簿与保存工作簿也可以用一行代码完成：openpyxl.Workbook().save('Chapter-11-1-1.xlsx')。

注意，新建工作簿后会默认新建一个名称为"Sheet"的工作表。

11.2.2　工作簿的读取

要处理已经存在的 Excel 文件，就会涉及工作簿的读取操作，可以使用 load_workbook 函数来完成。

函数语法：

load_workbook(filename, read_only=False, keep_vba=KEEP_VBA,data_only=False, keep_links=True)

参数说明：

filename：必选参数，表示打开的 Excel 文件名。

read_only：可选参数，为 False 表示可读写，为 True 表示只读，默认值为 False。

keep_vab ：可选参数，是否保留工作簿中的 VBA 代码，默认保留。

data_only：可选参数，为 False 表示读取单元格真实信息，为 True 表示读取单元格的值，默认值为 False。

keep_links：可选参数，是否应保留指向外部工作簿的链接，默认值为 True。

下面是一个工作簿读取的案例，代码如下所示，代码在"Chapter-11-2.py"文件中。

```
1#  import openpyxl #导入库
2#  wb=openpyxl.load_workbook('Chapter-11-2-1.xlsx') #读取工作簿
3#  wb.save('Chapter-11-2-1.xlsx') #保存工作簿
```

第 2 行代码 wb=openpyxl.load_workbook('Chapter-11-2-1.xlsx')，只写入了要读取的
工作簿的名称，工作簿的路径支持相对路径，也支持绝对路径，其他参数忽略。

第 3 行代码 wb.save('Chapter-11-2-1.xlsx')，如果保存的位置有变化，或者保存的
文件名有变化，都视作另存。

> 注意，在读取工作簿时，可以读取任何格式的新版 Excel 文件，但在保
> 存时，只能保存为新版的 XLSX 格式。

11.2.3　工作簿应用案例：批量新建工作簿

要批量新建工作簿，实现起来非常容易。比如，要批量创建 1~12 月的工作簿，
完成后的效果如图 11-2 所示。

本案例的编程思路是循环 1~12 序列数作为月份数字，然后格式化为工作簿名称，
再循环新建 12 个工作簿，最后保存为指定的名称。

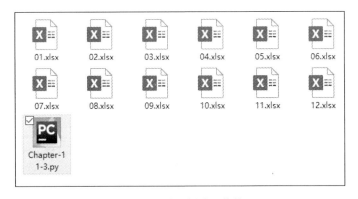

图 11-2　批量新建工作簿

本案例代码如下所示，代码在"Chapter-11-3.py"文件中。

```
1#  from openpyxl import Workbook #导入 openpyxl 库中的 Workbook 类
2#  for num in range(1,13): #循环 1~12 给 num 变量
3#      nwb=Workbook() #新建工作簿
4#      wbname='{:02}.xlsx'.format(num) #格式化工作簿名称，再赋值给 wbname 变量
```

```
5#      nwb.save(wbname) #保存工作簿
```

第 1 行代码 from openpyxl import Workbook，只导入 openpyxl 库中的 Workbook
类，后面使用这个类创建工作簿对象。

第 2 行代码 for num in range(1,13):，循环数字 1~12，然后赋值给 num 变量，作为
月份数字。

第 3 行代码 nwb=Workbook()，新建工作簿，然后赋值给 nwb 变量。

第 4 行代码 wbname='{:02}.xlsx'.format(num)，格式化工作簿名称，然后赋值给
wbname 变量。

第 5 行代码 nwb.save(wbname)，保存工作簿。

11.3   工作表的基本操作

实现新建、读取、保存工作簿后，接下来就可以对工簿中的工作表对象进行操作
了，比如对工作表进行新建、读取、移动、复制、删除等，这些都是工作表的基本操
作，用户必须要掌握。本节将详细讲解这些操作。

11.3.1   工作表的新建

用户既可以在新建的工作簿中新建工作表，也可以在已存在的工作簿中新建工作
表。新建工作表使用 create_sheet 函数。

函数语法：

create_sheet(title=None, index=None)

参数说明：

title：可选参数，可写入工作表的名称，如果没有名称，则工作表名默认为 Sheet、
Sheet1、Sheet2、Sheet3……

index：可选参数，在指定工作表位置前面新建工作表，如果不指定，则默认在最
后新建工作表。

首先，介绍在已存在的工作簿中新建工作表，代码如下所示，代码在"Chapter-11-4.py"文件中。

```
1# import openpyxl #导入库
2# wb=openpyxl.load_workbook('Chapter-11-4-1.xlsx') #读取工作簿
3# wb.create_sheet() #在工作簿的最后新建工作表
4# wb.create_sheet('7月') #在工作簿的最后新建"7月"工作表
5# wb.create_sheet('3月',2) #在工作簿的第2个工作表前面新建工作表
6# wb.save('Chapter-11-4-2.xlsx') #另存工作簿
```

第 3 行代码 wb.create_sheet()，在工作簿的最后新建工作表，如果没有指定名称，则名称默认为 Sheet，之后再新建工作表，名称默认为 Sheet1、Sheet2、Sheet3……

第 4 行代码 wb.create_sheet('7月')，在工作簿的最后新建名称为"7月"的工作表。

第 5 行代码 wb.create_sheet('3月',2)，在第 2 个工作表的前面新建名称为"3月"的工作表，注意工作表序号是从 0 开始计算的。

运行代码，对比一下新建工作表前后的效果，如图 11-3 所示。

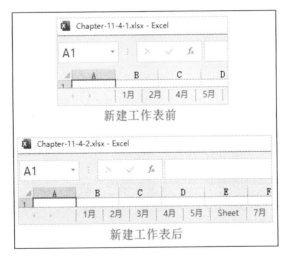

图 11-3　新建工作表前后的效果

其次，介绍在新建的工作簿中新建工作表，代码如下所示，代码在"Chapter-11-5.py"文件中。

```
1# import openpyxl #导入库
2# nwb=openpyxl.Workbook() #新建工作簿
3# nwb.create_sheet() #在新建工作簿的最后新建工作表
```

```
4#  nwb.create_sheet('工资表') #在新建工作簿的最后新建"工资表"工作表
5#  nwb.create_sheet('汇总表',0) #在新建工作簿中第0个工作表前面新建"汇总表"工作表
6#  nwb.save('Chapter-11-5-1.xlsx') #保存工作簿
```

第 3 行代码 **nwb.create_sheet()**，在新建工作簿的最后新建工作表，在新建工作簿时，已经默认创建了名称为"Sheet"的工作表，再次新建工作表时，如果没有指定名称，则名称默认为"Sheet1"。

4 行代码 **nwb.create_sheet('工资表')**，在所有工作表的最后新建名称为"工资表"的工作表。

第 5 行代码 **nwb.create_sheet('汇总表',0)**，在第 0 个工作表前面新建名称为"汇总表"的工作表。

运行代码后，完成的效果如图 11-4 所示。

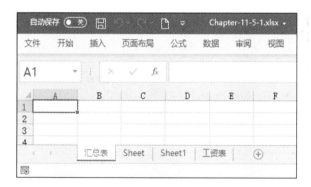

图 11-4　在新建的工作簿中新建工作表

11.3.2　工作表的读取

要读取指定工作簿中的所有工作表，可以使用对应的 worksheets 属性和 sheetnames 属性，代码如下所示，代码在"Chapter-11-6.py"文件中。

```
1#  import openpyxl #导入库
2#  wb=openpyxl.load_workbook('Chapter-11-6-1.xlsx') #读取工作簿
3#  print(wb.worksheets) #返回所有工作表对象
4#  print([ws for ws in wb]) #返回所有工作表对象
5#  print(wb.sheetnames) #返回所有工作表名
```

第 3 行代码 print(wb.worksheets)，其中 wb.worksheets 表示返回工作簿中的所有工作表对象，以列表形式呈现。返回的结果为 "[<Worksheet "1 月">, <Worksheet "2 月">, <Worksheet "3 月">]"。

第 4 行代码 print([ws for ws in wb])，其中 [ws for ws in wb] 直接对工作簿使用列表推导式，默认遍历工作簿中所有的工作表对象，效果与使用 wb.worksheets 的效果相同，但这种方式表达不明确。笔者认为使用 wb.worksheets 方式可以让代码的可读性更强。

第 5 行代码 print(wb.sheetnames)，其中 wb.sheetnames 表示返回工作簿中的所有工作表名称，以列表形式呈现，返回的结果为 "['1 月', '2 月', '3 月']"。

上面讲解了读取指定工作簿中的所有工作表对象，下面讲解读取指定工作簿中的指定工作表对象，代码如下所示，代码在 "Chapter-11-7.py" 文件中。

```
1#  import openpyxl #导入库
2#  wb=openpyxl.load_workbook('Chapter-11-7-1.xlsx') #读取工作簿
3#  print(wb.active) #读取活动工作表
4#  print(wb.worksheets[1]) #按顺序读取第 1 个工作表
5#  print(wb['1 月']) #读取指定工作表
```

第 3 行代码 print(wb.active)，其中 wb.active 是指读取工作簿中的活动工作表对象。这个工作表对象是不固定的，哪个是活动工作表，就读取哪个。

第 4 行代码 print(wb.worksheets[1])，是指按序号读取工作表对象，其中 wb.worksheets[1] 是指读取工作簿中的第 1 个工作表对象。注意，工作表的序号是从 0 开始的，返回的结果为 "<Worksheet "2 月">"。

第 5 行代码 print(wb['1 月'])，是指按名称读取工作表对象，其中 wb['1 月'] 是指读取工作表中名称为 "1 月" 的工作表对象，返回的结果为 "<Worksheet "1 月">"。

11.3.3　工作表的复制

要复制工作簿中的某个工作表，可以使用 copy_worksheet 函数，并且可以对复制后的工作表执行重命名操作，代码如下所示，代码在 "Chapter-11-8.py" 文件中。

```
1#  import openpyxl #导入库
2#  wb=openpyxl.load_workbook('Chapter-11-8-1.xlsx') #读取工作簿
3#  wb.copy_worksheet(wb['1 月']) #复制工作表，工作表名称为默认名称
```

```
4#  nws=wb.copy_worksheet(wb['2月']);nws.title='2月份'  #复制工作表并重命名
5#  wb.copy_worksheet(wb['3月']).title='3月份'  #复制工作表并重命名
    wb.save('Chapter-11-8-2.xlsx')  #另存工作簿
```

第 3 行代码 wb.copy_worksheet(wb['1 月'])，表示复制"1 月"工作表，默认名称为 "1 月 Copy"。

第 4 行代码 nws=wb.copy_worksheet(wb['2 月'])，表示复制"2 月"工作表，然后赋值给 nws 变量，再执行代码 nws.title='2 月份'，表示将复制工作表的名称修改为"2月份"。这里是用两句代码完成的。

第 5 行代码 wb.copy_worksheet(wb['3 月']).title='3 月份'，表示复制"3 月"工作表，并且重命名为"3 月份"。这里是用一句代码完成的。

运行代码后，对比一下工作表复制前后的效果，如图 11-5 所示。

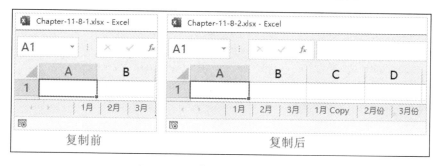

图 11-5　工作表复制前后的效果

11.3.4　工作表的移动

可以在工作簿中移动工作表位置，使用 move_sheet 函数即可，代码如下所示，代码在"Chapter-11-9.py"文件中。

```
1#  import openpyxl  #导入库
2#  wb=openpyxl.load_workbook('Chapter-11-9-1.xlsx')  #读取工作簿
3#  wb.move_sheet(wb['1月'],2)  #将"1月"工作表向右移 2 个位置
4#  wb.move_sheet(wb['4月'],-1)  #将"4月"工作表向左移 1 个位置
5#  wb.save('Chapter-11-9-2.xlsx')  #另存工作簿
```

第 3 行代码 wb.move_sheet(wb['1 月'],2)，表示将"1 月"工作表向右（向后）移动 2 个位置。

第 4 行代码 wb.move_sheet(wb['4 月'],-1)，表示将 "4 月" 工作表向左（向前）移动 1 个位置。

运行代码后，对比一下移动工作表前后的效果，如图 11-6 所示。

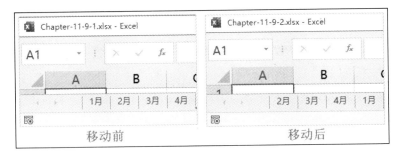

图 11-6 移动工作表前后的效果

11.3.5 工作表的删除

要删除工作表，可以使用 remove 函数，代码如下所示，代码在 "Chapter-11-10.py" 文件中。

```
1# import openpyxl #导入库
2# wb=openpyxl.load_workbook('Chapter-11-10-1.xlsx') #读取工作簿
3# wb.remove(wb['1月']) #删除指定工作表
4# wb.save('Chapter-11-10-2.xlsx') #另存工作簿
```

第 3 行代码 wb.remove(wb['1 月'])，表示删除指定的 "1 月" 工作表。

运行代码后，对比一下删除工作表前后的效果，如图 11-7 所示。

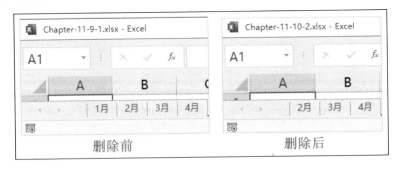

图 11-7 删除工作表前后的效果

11.3.6　工作表应用案例 1：批量新建工作表

本案例用['张三','李四','王二','麻子']列表中的姓名批量新建工作表，完成后的效果如图 11-8 所示。

本案例的编程思路是循环创建工作表，然后将新建工作簿时默认新建的工作表删除即可。

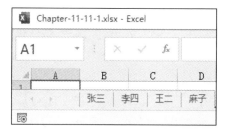

图 11-8　批量新建工作表

本案例代码如下所示，代码在"Chapter-11-11.py"文件中。

```
1#  import openpyxl #导入库
2#  nwb=openpyxl.Workbook() #新建工作簿
3#  for name in ['张三','李四','王二','麻子']: #循环列表中的姓名
4#      nwb.create_sheet(name) #新建工作表时用 name 变量中的值作为名称
5#  nwb.remove(nwb['Sheet']) #删除新建工作簿时默认新建的工作表
6#  nwb.save('Chapter-11-11-1.xlsx') #保存工作簿
```

第 2 行代码 nwb=openpyxl.Workbook()，新建工作簿。

第 3 行代码 for name in ['张三','李四','王二','麻子']:，循环列表中的元素，然后赋值给 name 变量。

第 4 行代码 nwb.create_sheet(name)，在新建的工作簿中批量新建工作表，用 name 变量的值作为工作表名称。

第 5 行代码 nwb.remove(nwb['Sheet'])，删除新建工作簿时默认创建的"Sheet"工作表。

第 6 行代码 nwb.save('Chapter-11-11-1.xlsx')，保存工作簿。

11.3.7 工作表应用案例 2：批量复制工作表并修改工作表名称

本案例以"业绩表"工作表为模板，批量复制工作表并修改工作表名称为"2020年""2021年""2022年""2023年"，最后另存工作簿，如图 11-9 所示。

本案例的编程思路是循环复制"业绩表"工作表并修改名称，然后删除"业绩表"工作表，最后另存工作簿即可。

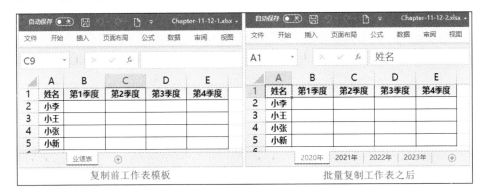

图 11-9 批量复制工作表并修改工作表名称

本案例代码如下所示，代码在"Chapter-11-12.py"文件中。

```
1# import openpyxl #导入库
2# wb=openpyxl.load_workbook('Chapter-11-12-1.xlsx') #读取工作簿
3# for year in range(2020,2024): #循环 2020~2023 数字给 year 变量
4#     wsname='{}年'.format(year) #格式化工作表名
5#     wb.copy_worksheet(wb['业绩表']).title=wsname #复制"业绩表"工作表并重命名
6# wb.remove(wb['业绩表']) #删除"业绩表"工作表
7# wb.save('Chapter-11-12-2.xlsx') #另存工作簿
```

第 2 行代码 wb=openpyxl.load_workbook('Chapter-11-12-1.xlsx')，读取工作簿。

第 3 行代码 for year in range(2020,2024):，循环数字 2020~2023，作为年份数字赋值给 year 变量。

第 4 行代码 wsname='{}年'.format(year)，将 year 变量格式化为工作表名称。

第 5 行代码 wb.copy_worksheet(wb['业绩表']).title=wsname，复制"业绩表"工作表，然后将工作表重命名为 wsname 变量中的值。

第 6 行代码 wb.remove(wb['业绩表'])，删除"业绩表"工作表。

第 7 行代码 wb.save('Chapter-11-12-2.xlsx')，另存工作簿。

11.3.8　工作表应用案例 3：拆分多个工作表到多个工作簿

本案例将工作簿中的每个工作表单独拆分到新的工作簿，如图 11-10 所示。

本案例的编程思路是先将不需要被提取工作表名的工作表对象删除，然后保留当前工作表，最后另存工作簿即可。

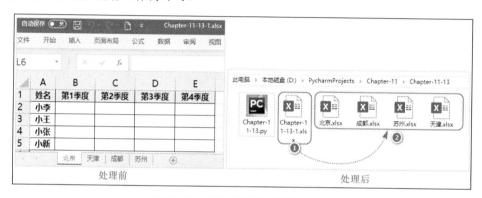

图 11-10　拆分多工作表到多工作簿

本案例代码如下所示，代码在"Chapter-11-13.py"文件中。

```
1#  import openpyxl #导入库
2#  for name in ['北京','天津','成都','苏州']: #循环要提取的工作表名
3#      wb=openpyxl.load_workbook('Chapter-11-13-1.xlsx') #读取工作簿
4#      for ws in wb.worksheets: #循环工作簿中的所有工作表并赋值给 ws 变量
5#          if ws.title!=name: #如果 ws 的工作表名不等于要提取的工作表名
6#              wb.remove(ws) #则删除 ws 工作表
7#      wb.save(name+'.xlsx') #另存工作簿
```

第 2 行代码 for name in ['北京','天津','成都','苏州']:，循环要拆分的工作表名称，然后赋值给 name 变量。

第 3 行代码 wb=openpyxl.load_workbook('Chapter-11-13-1.xlsx')，读取工作簿，然后赋值给 wb 变量。因为此行代码在循环体中，所以循环多少次，就重新读取多少次。

第 4 行代码 for ws in wb.worksheets:，循环 wb 工作簿中的所有工作表，然后赋值

给 ws 变量。

第 5 行代码 if ws.title!=name:，如果 ws 工作簿中的工作表名称不等于要提取的工作表名称，那么执行第 6 行删除工作表的代码。

第 6 行代码 wb.remove(ws)，删除工作表。

第 7 行代码 wb.save(name+'.xlsx')，用提取的工作表名称作为工作簿名称另存工作簿。

11.4 单元格的基本操作

掌握工作簿、工作表的基本操作后，接下来学习单元格对象的操作，比如读取单元格对象、将数据写入单元格等。

11.4.1 单元格的读取

在 openpyxl 库中，单元格的获取方法有 A1 和 R1C1 两种，如表 11-1 所示。

表 11-1 单元格的获取方法、表示方法和注释

获取方法	表示方法	注　　释
A1 表示法	工作表['A1']	列号用字母表示，行号用数字表示
R1C1 表示法	工作表.cell(行号,列号)	行号、列号均用数字表示

下面以如图 11-11 所示的"成绩表"工作表为例，测试 A1 和 R1C1 两种获取方法。

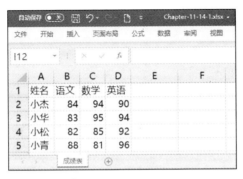

图 11-11　"成绩表"工作表

单元格读取的代码如下所示，代码在"Chapter-11-14.py"文件中。

```
1#  import openpyxl #导入库
2#  wb=openpyxl.load_workbook('Chapter-11-14-1.xlsx') #读取工作簿
3#  ws=wb.worksheets[0] #读取第 0 个工作表
4#  print(ws['A1'],ws['A1'].value) #获取 A1 单元格对象，以及 A1 单元格对象的值
5#  print(ws.cell(1,1),ws.cell(1,1).value) #获取 A1 单元格对象，以及 A1 单元格对
    象的值
```

第 4 行代码 print(ws['A1'],ws['A1'].value)，其中 ws['A1']表示 A1 单元格对象，返回值为 "<Cell '成绩表'.A1>"，而 ws['A1'].value 表示 A1 单元格对象的 value 属性，返回值为"姓名"。

第 5 行代码 print(ws.cell(1,1),ws.cell(1,1).value)，其中 ws.cell(1,1)表示 A1 单元格对象，返回值为<Cell '成绩表'.A1>，而 ws.cell(1,1).value 表示 A1 单元格对象的 value 属性，返回值为'姓名'。

11.4.2 单元格区域的读取

要获取工作表指定区域的多个单元格，可以使用"工作表[地址]"这种方法来表示，如表 11-2 所示。

表 11-2 单元格区域的获取方法、表示方法和注释

获取方法	表示方法	注　　释
单行或多行	工作表[起始行号:结束行号]	获取指定行区域所有已使用的单元格对象
单列或多列	工作表[起始列号:结束列号]	获取指定列区域所有已使用的单元格对象
多行多列	工作表[起始单元格:结束单元格]	获取指定区域所有的单元格对象

注意，单行、单列单元格的表示方法可以变通。比如，"工作表['B:B']"表示 B 列，也可以写作"工作表['B']"。再比如，"工作表['3:3']"表示第 3 行，也可以写作"工作表[3]"。

除表 11-2 中列出的单元格区域的表示方法外，还有一些表示方法，下面以图 11-12 所示的工作表为例，介绍更多单元格区域的表示方法。

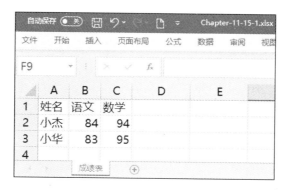

图 11-12　工作表

读取单元格区域的代码如下所示，代码在"Chapter-11-15.py"文件中。

```
1# import openpyxl #导入库
2# wb=openpyxl.load_workbook('Chapter-11-15-1.xlsx') #读取工作簿
3# ws=wb.active #读取活动工作表
4# print(ws['A1:B2'],ws['A1':'B2']) #获取选择区域的两种方法
5# print(ws['1:2'],ws['1':'2'],ws[1:2]) #获取指定行区域的 3 种方法
6# print(ws['A:B'],ws['A':'B']) #获取指定列区域的两种方法
```

第 4 行代码 print(ws['A1:B2'],ws['A1':'B2'])，其中 ws['A1:B2']这样的表示方法是一个完整的地址字符串，也可以用 ws['A1':'B2']表示，将起始单元格地址和结束单元格地址分隔开，返回的结果都为((<Cell '成绩表'.A1>, <Cell '成绩表'.B1>), (<Cell '成绩表'.A2>, <Cell '成绩表'.B2>))。根据返回的结果可以看出返回的是元组，元组中的每个元素也是元组，每个子元组的元素是按行方向列出的单元格对象。

第 5 行代码 print(ws['1:2'],ws['1':'2'],ws[1:2])，其中 ws['1:2']是一个完整的行区域地址，当然也可以写作 ws['1':'2']，甚至可以用 ws[1:2]来表示，返回的结果都为((<Cell '成绩表'.A1>, <Cell '成绩表'.B1>, <Cell '成绩表'.C1>), (<Cell '成绩表'.A2>, <Cell '成绩表'.B2>, <Cell '成绩表'.C2>))。返回结果是元组，元组中的每个元素是按行返回的子元组。

第 6 行代码 print(ws['A:B'],ws['A':'B'])，其中 ws['A:B']是一个完整的列区域地址，当然也可以写作 ws['A':'B']，返回的结果都为((<Cell '成绩表'.A1>, <Cell '成绩表'.A2>, <Cell '成绩表'.A3>), (<Cell '成绩表'.B1>, <Cell '成绩表'.B2>, <Cell '成绩表'.B3>))。返回结果是元组，元组中的每个元素是按列返回的子元组。

11.4.3 行信息的获取

获取关于行的一些信息，比如行号、最小行号、最大行号，以及自动获取工作表中所有的行数据等，可以使用相关的属性和方法，如表 11-3 所示。

表 11-3 行信息的获取方法、表示方法和注释

获取方法	表示方法	注释
获取工作表中已使用的最小行号	工作表.min_row	返回一个整数
获取工作表中已使用的最大行号	工作表.max_row	返回一个整数
获取指定单元格的行号	工作表['单元格地址'].row	返回一个整数
按行获取所有已使用的单元格的值	工作表.values	返回的只是值，不是对象
按行获取所有已使用的单元格对象 1	工作表.rows	不能控制读取范围
按行获取所有已使用的单元格对象 2	工作表.iter_rows()	可以控制读取范围

表 11-3 中 iter_rows 函数的参数比较多，在获取数据的时候比较灵活。下面详细讲解 iter_rows 函数的语法结构。

函数语法：

iter_rows(min_row=None,max_row=None,min_col=None,max_col=None,values_only=False)

参数说明：

min_row：可选参数，指定最小行号，如果未指定，则从第 1 行开始。

max_row：可选参数，指定最大行号，如果未指定，则自动识别最大行号。

min_col：可选参数，指定最小列号，如果未指定，则从第 1 列开始。

max_col：可选参数，指定最大列号，如果未指定，则自动识别最大列号。

values_only：可选参数，值为 True 返回单元格的值，值为 False 返回单元格对象，值默认为 False。

下面获取"成绩表"工作表中行的相关信息，如图 11-13 所示。

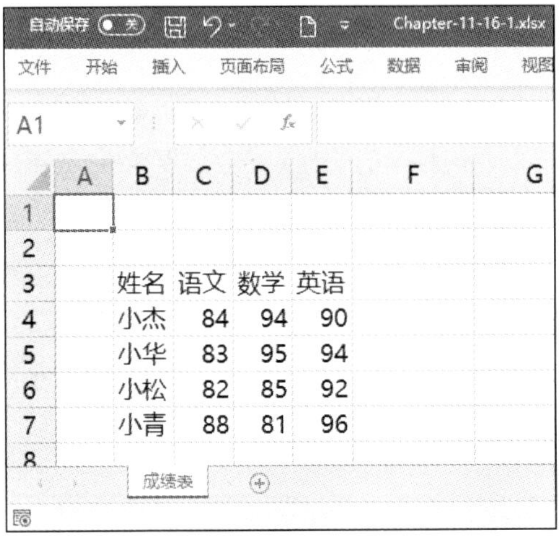

图 11-13 "成绩表"工作表

获取"成绩表"工作表中行的相关信息的代码如下所示，代码在"Chapter-11-16.py"文件中。

```
1# import openpyxl #导入库
2# wb=openpyxl.load_workbook('Chapter-11-16-1.xlsx') #读取工作簿
3# ws=wb.active #读取活动工作表
4# print(ws.min_row) #最小行号
5# print(ws.max_row) #最大行号
6# print(ws['B4'].row) #指定单元格行号
7# print(ws.values) #按行获取工作表全部单元格的值
8# print(ws.rows) #按行获取工作表全部单元格对象
9# print(ws.iter_rows(min_row=3,min_col=2)) #从第3行第2列开始，按行获取工作表中已用的单元格对象
```

第 4 行代码 print(ws.min_row)，获取最小行号，返回值为 3。

第 5 行代码 print(ws.max_row)，获取最大行号，返回值为 7。

第 6 行代码 print(ws['B4'].row)，获取 B4 单元格的行号，返回值为 4。

第 7 行代码 print(ws.values)，按行获取工作表中已使用的所有单元格的值，也就是 A1:E7 区域的值。

第 8 行代码 print(ws.rows)，按行获取单元格对象，也就是 A1:E7 区域的单元格对象。

第 9 行代码 **print(ws.iter_rows(min_row=3,min_col=2))**，从第 3 行第 2 列开始，按行获取工作表中已用的单元格对象，也就是获取 B3:E7 区域的单元格对象。

> 注意，values 属性、rows 属性、iter_rows 方法返回的都是生成器，也是可迭代对象。也就是说，如果要获取具体单元格，就要做循环处理。

11.4.4　列信息的获取

可以获取行信息，那么自然也可以获取列信息。如表 11-4 所示是列信息的获取方法、表示方法和注释。

表 11-4　列信息的获取方法、表示方法和注释

获取方法	表示方法	注　　释
获取工作表中已使用的最小行号	工作表.min_column	返回一个整数
获取工作表中已使用的最大行号	工作表.max_column	返回一个整数
获取指定单元格的行号	工作表['单元格地址'].column	返回一个整数
按行获取所有已使用的单元格对象 1	工作表.columns	不能控制读取范围
按行获取所有已使用的单元格对象 2	工作表.iter_cols()	可以控制读取范围

表 11-4 中 iter_cols 方法的参数比较多，在获取数据的时候比较灵活。下面详细讲解 iter_cols 函数的语法结构。

函数语法：

iter_cols(min_row=None, max_row=None, min_col=None, max_col=None, values_only=False)

参数说明：

min_row：可选参数，指定最小行号，如果未指定，则从第 1 行开始。

max_row：可选参数，指定最大行号，如果未指定，则自动识别最大行号。

min_col：可选参数，指定最小列号，如果未指定，则从第 1 列开始。

max_col：可选参数，指定最大列号，如果未指定，则自动识别最大列号。

values_only：可选参数，值为 True 返回单元格的值，值为 False 返回单元格对象，

值默认为 False。

下面获取"成绩表"工作表中列的相关信息，如图 11-14 所示。

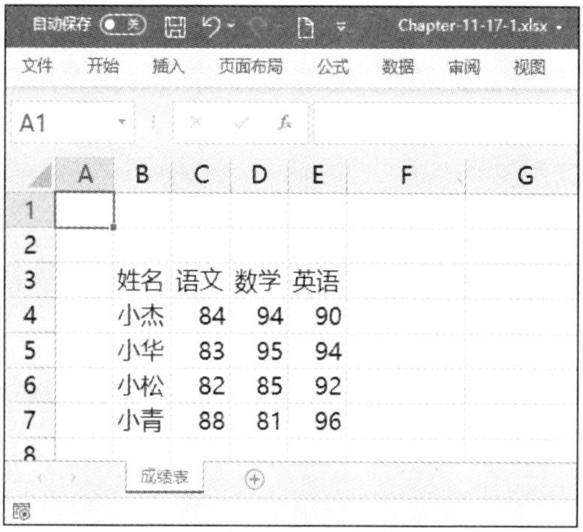

图 11-14 "成绩表"工作表

获取"成绩表"工作表中列的相关信息的代码如下所示，代码在"Chapter-11-17. py"文件中。

```
1#  import openpyxl #导入库
2#  wb=openpyxl.load_workbook('Chapter-11-17-1.xlsx') #读取工作簿
3#  ws=wb.active #读取活动工作表
4#  print(ws.min_column) #获取最小列号
5#  print(ws.max_column) #获取最大列号
6#  print(ws['B4'].column) #获取指定单元格列号
7#  print(ws.columns) #按列获取工作表全部单元格对象
8#  print(ws.iter_cols(min_row=3,min_col=2)) #从第 3 行第 2 列开始，按列获取工作
    表中已用的单元格对象
```

第 4 行代码 print(ws.min_column)，获取最小列号，返回值为 3。

第 5 行代码 print(ws.max_column)，获取最大列号，返回值为 7。

第 6 行代码 print(ws['B4'].column)，获取 B4 单元格的列号，返回值为 4。

第 7 行代码 print(ws.columns)，按列获取单元格对象，也就是 A1:E7 区域的单元格对象。

第 8 行代码 print(ws.iter_cols(min_row=3,min_col=2))，从第 3 行第 2 列开始，按

列获取工作表中已用的单元格对象，也就是获取 B3:E7 区域的单元格对象。

> 注意，columns 属性、iter_cols 方法返回的都是生成器，也是可迭代对象，也就是说，如果要获取具体的单元格，就要做循环处理。

11.4.5　单元格的写入

在工作中，对数据做完分析汇总之后，需要将数据写入单元格，在 openpyxl 库中写入数据分为按单元格写入和按行写入。

首先看看按单元格写入，单元格的写入方法、表示方法和注释如表 11-5 所示。

表 11-5　单元格的写入方法、表示方法和注释

写入方法	表示方法	注　　释
A1 表示法	工作表['A1']=值	值是向单元格中写入的具体值
R1C1 表示法	工作表.cell(行号,列号,值)	

例如，使用 A1 表示法在第 4 行写入数据，使用 R1C1 表示法在第 5 行写入数据，如图 11-15 所示。

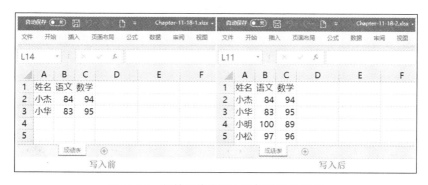

图 11-15　向单元格中写入数据前后的效果

向单元格中写入数据的代码如下所示，代码在"Chapter-11-18.py"文件中。

```
1#  import openpyxl #导入库
2#  wb=openpyxl.load_workbook('Chapter-11-18-1.xlsx') #读取工作簿
3#  ws=wb.active#读取活动工作表
4#  ws['A4']='小明';ws['B4']=100;ws['C4']=89#按 A1 表示法写入单元格
5#  ws.cell(5,1,'小松');ws.cell(5,2,97);ws.cell(5,3,96) #按 R1C1 表示法写入单元格
```

```
6#  wb.save('Chapter-11-18-2.xlsx') #另存工作簿
```

第 4 行代码 ws['A4']='小明';ws['B4']=100;ws['C4']=89，有 3 句写入代码。因为列号 A、B、C 是有序的，所以列号比较多时可以使用循环的方式写入。

第 5 行代码 ws.cell(5,1,'小松');ws.cell(5,2,97);ws.cell(5,3,96)，同样，列号 1、2、3 也是有序的，列号比较多时可以使用循环的方式写入。

上面在讲解按单元格写入数据时，都只能往一个单元格中写入，如果每行写入的数据比较多，那么按单元格写入的方法就比较烦琐。openpyxl 库提供了整行写入的 append 函数，不过只能在表的尾部写入整行数据，不能在指定行写入数据。如表 11-6 所示是整行写入数据的具体方法。

表 11-6　整行写入数据的具体方法

写入方法	表达方式	注　　释
写入列表	工作表.append(list)	写入值是列表
写入元组	工作表.append(tuple)	写入值是元组
写入 range	工作表.append(range)	写入值是 range 生成器
写入字典 1	工作表.append({字母列号 1:值 1,……})	写入值是字典的键为字母列号
写入字典 2	工作表.append({数字列号 1:值 1,……})	写入值是字典的键为数字列号

下面使用 append 函数在表的尾部写入数据，如图 11-16 所示。写入值可以是列表、元组、range、字典 4 种类型，其中字典可以变化出两种写法。

图 11-16　在表的尾部写入数据前后的效果

在表的尾部写入数据的代码如下所示，代码在 "Chapter-11-19.py" 文件中。

```
1#  import openpyxl #导入库
2#  wb=openpyxl.load_workbook('Chapter-11-19-1.xlsx') #读取工作簿
3#  ws=wb.active #读取活动工作表
4#  ws.append(['张三',88,99]) #写入值为列表
5#  ws.append(('李四',88,99)) #写入值为元组
6#  ws.append(range(1,4)) #写入值为 range 生成器
7#  ws.append({'A':'小花','B':69,'C':96}) #写入值为字典 1
8#  ws.append({1:'小曾',2:100,3:100}) #写入值为字典 2
    wb.save('Chapter-11-19-2.xlsx') #另存工作簿
```

第 4 行代码 ws.append(['张三',88,99])，append 函数的参数为列表类型。

第 5 行代码 ws.append(('李四',88,99))，append 函数的参数为元组类型。

第 6 行代码 ws.append(range(1,4))，append 函数的参数为 range 生成器类型。

第 7 行代码 ws.append({'A':'小花','B':69,'C':96})，表示在表的尾部的 A 列写入“小花”，在表的尾部的 B 列写入 69，在表的尾部的 C 列写入 96。当然，列号的顺序是可以打乱的。

第 8 行代码 ws.append({1:'小曾',2:100,3:100})，表示在表的尾部的第 1 列写入“小曾”，在表的尾部的第 2 列写入 100，在表的尾部的第 3 列写入 100。当然，列号的顺序也是可以打乱的。

11.4.6 单元格应用案例 1：制作九九乘法表

本案例制作一个九九乘法表，如图 11-17 所示。

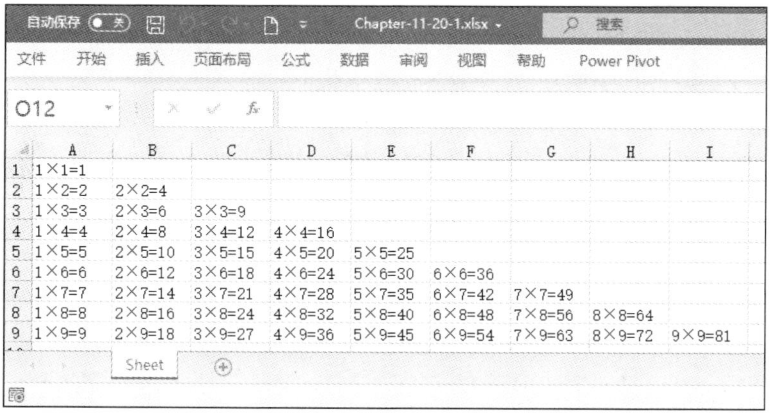

	A	B	C	D	E	F	G	H	I
1	1×1=1								
2	1×2=2	2×2=4							
3	1×3=3	2×3=6	3×3=9						
4	1×4=4	2×4=8	3×4=12	4×4=16					
5	1×5=5	2×5=10	3×5=15	4×5=20	5×5=25				
6	1×6=6	2×6=12	3×6=18	4×6=24	5×6=30	6×6=36			
7	1×7=7	2×7=14	3×7=21	4×7=28	5×7=35	6×7=42	7×7=49		
8	1×8=8	2×8=16	3×8=24	4×8=32	5×8=40	6×8=48	7×8=56	8×8=64	
9	1×9=9	2×9=18	3×9=27	4×9=36	5×9=45	6×9=54	7×9=63	8×9=72	9×9=81

图 11-17 制作的九九乘法表

本案例的编程思路是通过两个 for 循环得到乘法公式的因数与乘积，然后格式化为乘法公式结构，最后使用 cell 方法写入单元格。

本案例代码如下所示，代码在 "Chapter-11-20.py" 文件中。

```
1#  import openpyxl #导入库
2#  wb=openpyxl.Workbook();ws=wb.active #新建工作簿并读取工作簿中的工作表
3#  for x in range(1,10): #循环数字 1~9 并赋值给 x 变量
4#      for y in range(1,x+1): #循环数字 1~x 并赋值给 y 变量
5#          val='{}×{}={}'.format(y,x,y*x) #将 x、y 变量的值作为乘法的因数，将 x*y
的值作为乘积，然后格式化为乘法公式并赋值给 val 变量
6#          ws.cell(x,y,val) #将 val 变量中的乘法公式写入对应的单元格
7#  wb.save('Chapter-11-20-1.xlsx') #保存工作簿
```

第 5 行代码 val='{}×{}={}'.format(y,x,y*x)，格式化乘法公式。

第 6 行代码 ws.cell(x,y,val)，将格式化的乘法公式写入对应的单元格。

11.4.7 单元格应用案例 2：求每个人各科分数之和

本案例求每个人各科分数之和，然后将结果写入 E 列单元格，如图 11-18 所示。

本案例的要求很简单，主要目的是应用本节学习过的知识点。

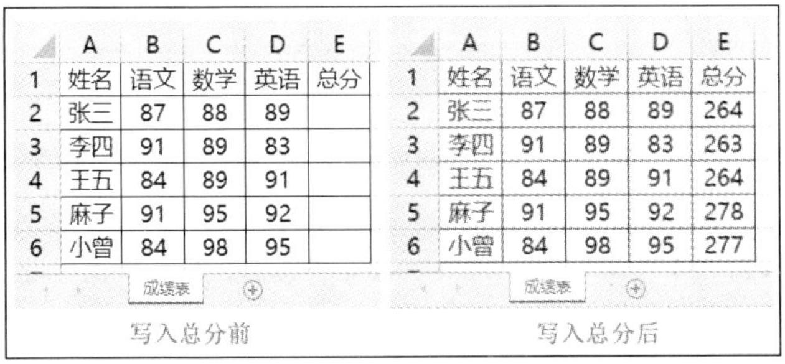

图 11-18 求每个人各科分数之和

本案例代码如下所示，代码在 "Chapter-11-21.py" 文件中。

```
1#  import openpyxl #导入库
2#  wb=openpyxl.load_workbook('Chapter-11-21-1.xlsx') #读取工作簿
3#  ws=wb['成绩表'] #读取工作表
4#  score=ws.iter_rows(min_row=2,min_col=2,max_col=ws.max_column-1) #获取
工作表指定区域
5#  for row in score: #循环每行分数单元格
```

```
6#    total=sum([v.value for v in row]) #获取每行单元格的总分
7#    row[-1].offset(0,1).value=total #将总分写入 E 列单元格 (方法 1)
8#    ws['E'+str(row[1].row)]=total #将总分写入 E 列单元格 (方法 2)
9#    ws.cell(row[1].row,5,total) #将总分写入 E 列单元格 (方法 3)
10#wb.save('Chapter-11-21-1.xlsx') #保存工作簿
```

第 4 行代码 score=ws.iter_rows(min_row=2,min_col=2,max_col=ws.max_column-1)，按行获取"成绩表"工作表中所有已写入数据的单元格，因为只需要获取其中一部分单元格区域，所以要做条件限定，其中 min_row=2 和 min_col=2 表示从 B2 单元格开始获取，max_col=ws.max_column-1 是最大列号，ws.max_column 获取的最大列号是 5，也就是 E 列，但 E 列是用于写入总分的单元格，所以减 1 到 D 列，读取的是 B2:D6 单元格区域。最后将获取结果赋值给 score 变量。

第 5 行代码 for row in score:，将 socre 变量循环赋值给 row 变量，因为之前是按行获取的，所以循环出来也是按行显示的。

第 6 行代码 total=sum([v.value for v in row])，对 row 变量中的元素进行处理。比如，row 变量的值是 "(<Cell '成绩表'.B2>, <Cell '成绩表'.C2>, <Cell '成绩表'.D2>)"，可以看到是元组，元组中的每个元素是单元格对象，现在只需要获取其中的 value 属性。使用列表推导式[v.value for v in row]，得出的结果为[87, 88, 89]，然后使用 sum 函数求和即可，最后将求和结果赋值给 total 变量。

第 7~9 行代码用 3 种不同的方式将求和结果写入单元格，都列出来是为了方便读者做对比，读者使用其中的一种方法即可。

第 7 行代码 row[-1].offset(0,1).value=total，表示将求和结果写入 E 列，row[-1]表示获取 row 变量中的最后一个单元格，其实这个单元格就在 D 列中，然后使用 offset 方法进行偏移，offset(0,1)表示偏移 0 行 1 列，就偏移到了 E 列，将这个单元格的 value 属性修改为 total 变量中的值，其实就是将求和结果写入单元格。

第 8 行代码 ws['E'+str(row[1].row)]=total，用 A1 表示法写入单元格，其中 str(row[1].row)表示获取 row 变量中任意一个单元格的行号，因为 row 变量中的单元格都在同一行。用 str 转换为字符串类型，与前面的 "E" 组成单元格，最后写入 total 的值即可。

第 9 行代码 ws.cell(row[1].row,5,total)，用 R1C1 表示法写入单元格。

11.4.8 单元格应用案例 3：多工作表数据合并

本案例将指定工作簿 Chapter-11-22-1.xlsx 中的所有工作表的数据合并到一个新的工作簿 Chapter-11-22-2.xlsx 中，如图 11-19 所示。

本案例的编程思路是循环读取所有工作簿中的所有工作表数据，用 append 函数写入新表即可。注意，本案例中被合并的工作表是 4 个，其实工作表的数量是不限定的，有多少个工作表都能自动合并，但要注意被合并的每个工作表的结构要相同，这一点必须要保证。

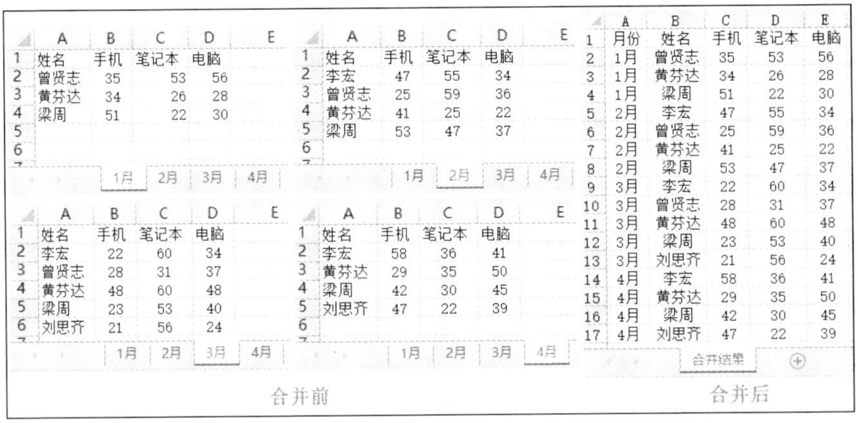

姓名	手机	笔记本	电脑
曾贤志	35	53	56
黄芬达	34	26	28
梁周	51	22	30

姓名	手机	笔记本	电脑
李宏	47	55	34
曾贤志	25	59	36
黄芬达	41	25	22
梁周	53	47	37

姓名	手机	笔记本	电脑
李宏	22	60	34
曾贤志	28	31	37
黄芬达	48	60	48
梁周	23	53	40
刘思齐	21	56	24

姓名	手机	笔记本	电脑
李宏	58	36	41
黄芬达	29	35	50
梁周	42	30	45
刘思齐	47	22	39

月份	姓名	手机	笔记本	电脑
1月	曾贤志	35	53	56
1月	黄芬达	34	26	28
1月	梁周	51	22	30
2月	李宏	47	55	34
2月	曾贤志	25	59	36
2月	黄芬达	41	25	22
2月	梁周	53	47	37
3月	李宏	22	60	34
3月	曾贤志	28	31	37
3月	黄芬达	48	60	48
3月	梁周	23	53	40
3月	刘思齐	21	56	24
4月	李宏	58	36	41
4月	黄芬达	29	35	50
4月	梁周	42	30	45
4月	刘思齐	47	22	39

图 11-19 多工作表数据合并

本案例代码如下所示，代码在"Chapter-11-22.py"文件中。

```
1# import openpyxl #导入库
2# wb=openpyxl.load_workbook('Chapter-11-22-1.xlsx') #读取工作簿
3# nwb=openpyxl.Workbook() #新建工作簿
4# nwb.active.append(['月份','姓名','手机','笔记本','电脑']) #给工作表写入表头
5# for ws in wb.worksheets: #循环工作簿中的所有工作表
6#     for row in list(ws.values)[1:]: #循环工作表中的每行数据
7#         nwb.active.append((ws.title,)+row) #连接工作表名和每行数据，再写入单元格
8# nwb.active.title='合并结果' #重命名新工作簿中的活动工作表
9# nwb.save('Chapter-11-22-2.xlsx') #保存新建的工作簿
```

第 2 行和第 3 行代码分别读取工作簿、新建要写入的工作簿。

第 4 行代码 nwb.active.append(['月份','姓名','手机','笔记本','电脑'])，在新建的工作簿的活动工作表中写入表头。

第 5 行代码 for ws in wb.worksheets:，循环读取 wb 工作簿中的所有工作表对象，然后赋值给 ws 变量。

第 6 行代码 for row in list(ws.values)[1:]:，其中 list(ws.values)[1:]表示按行读取 ws 工作表中的数据。ws.values 返回的是生成器对象，需要在外层使用 list 转换为列表。由于第一行表头不需要转换，所以在后面使用[1:]方式来切片。整行代码的意思就是将获取的每行数据赋值给 row 变量。

第 7 行代码 nwb.active.append((ws.title,)+row)，其中(ws.title,)+row 表示将获取的工作表名称组成元组，与 row 变量连接。因为 row 变量的返回值也是元组类型，所以可以合并成新的元组。将这个合并后的新元组写入新建工作簿的活动工作表。

第 8 行代码 nwb.active.title='合并结果'，修改 nwb 工作簿中的活动工作表的名称。

第 9 行代码 nwb.save('Chapter-11-22-2.xlsx')，保存新建的 nwb 工作簿。

11.4.9　单元格应用案例 4：多工作簿数据合并

在 11.4.8 节的案例中讲解了单个工作簿中所有工作表数据的合并，如果把范围扩大到指定文件夹中的多个工作簿，又该如保操作呢？本案例指定的文件夹中有三个工作簿，打开其中的"庆阳学区.xlsx"工作簿，里面有两个工作表，可以看到工作表中的数据结构。另外两个工作簿中的工作表数量不定。所有工作簿中的所有工作表数据都要合并起来，效果如图 11-20 所示。

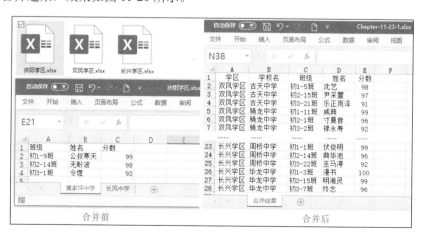

图 11-20　多工作簿数据合并

　　本案例的编程思路与 11.4.8 小节中的多工作表数据合并的编程思路一样，只不过范围扩大到多个工作簿。

　　本案例代码如下所示，代码在"Chapter-11-23.py"文件中。

```
1#  import os,openpyxl #导入库
2#  nwb=openpyxl.Workbook();nwb.active.title='合并结果' #新建工作簿并修改工作
    簿中的活动工作表名称
3#  nwb.active.append(['学区','学校名','班级','姓名','分数']) #给新建工作簿中的
    活动工作表写入表头
4#  for file in os.listdir('某某比赛获奖表'): #获取指定文件夹中的文件名
5#      wb=openpyxl.load_workbook('某某比赛获奖表\\'+file) #读取文件夹中的工作
    簿
6#      for ws in wb.worksheets: #循环工作簿中的工作表
7#          for row in list(ws.values)[1:]: #循环工作表中的每行数据
8#              val=(file.split('.')[0],ws.title)+row #将工作簿名与工作表名组成
    元组，然后与 row 元组连接
9#              nwb.active.append(val) #将组合后的每行数据重新写入新工作簿的新工作表
10# nwb.save('Chapter-11-23-1.xlsx') #保存新工作簿
```

　　第 2 行代码 nwb=openpyxl.Workbook();nwb.active.title='合并结果'，新建要写入数据的工作簿与工作表。

　　第 3 行代码 nwb.active.append(['学区','学校名','班级','姓名','分数'])，将表头写入新工作表。

　　第 4 行代码 for file in os.listdir('某某比赛获奖表'):，获取"某某比赛获奖表"文件夹中的所有文件名，因为该文件夹中都是 Excel 文件，所以获取的也都是 Excel 文件。os.listdir('某某比赛获奖表')获取的文件名是存储在列表中的，然后将列表中的元素循环赋值给 file 变量。

　　第 5 行代码 wb=openpyxl.load_workbook('某某比赛获奖表\\'+file)，读取工作簿，路径是由文件夹名与 Excel 文件名组成的，然后赋值给 wb 变量。

　　第 6 行代码 for ws in wb.worksheets:，循环将 wb 工作簿中的工作表赋值给 ws 变量。

　　第 7 行代码 for row in list(ws.values)[1:]，循环将 ws 工作表中的每行数据赋值给 row 变量。

第 8 行代码 val=(file.split('.')[0],ws.title)+row，其中(file.split('.')[0],ws.title)是将工作簿名与工作表名组成元组，再与 row 变量连接，因为 row 返回的每行数据是元组类型，所以可以连接，最后将结果赋值给 val 变量。

第 9 行代码 nwb.active.append(val)，将 val 变量的值写入 nwb 工作簿的活动工作表。

第 10 行代码 nwb.save('Chapter-11-23-1.xlsx')，保存新建的 nwb 工作簿。

11.5　工作表的其他操作

在处理数据时，可能会对工作表的行和列进行一些操作，本节将讲解工作表行、列的移动、插入、删除等基本操作。

11.5.1　插入与删除行和列

行和列的插入与删除是 Excel 数据处理中比较常见的操作。openpyxl 库为用户提供了相关的操作，如表 11-7 所示。

表 11-7　行和列的插入与删除方法

方　　法	表示方法	注　　释
插入行操作	insert_rows(位置,行数)	在指定位置的上面插入指定行数
插入列操作	insert_cols(位置,列数)	在指定位置的前面插入指定列数
删除行操作	delete_rows(位置,行数)	从指定位置的上面删除指定行数
删除列操作	delete_cols(位置,列数)	从指定位置的前面删除指定列数

无论是插入操作，还是删除操作，位置参数是必选参数，行数参数或列数参数都是可选参数，并且默认值都是 1。

下面对"分数表"工作表中的数据进行插入与删除操作，如图 11-21 所示。

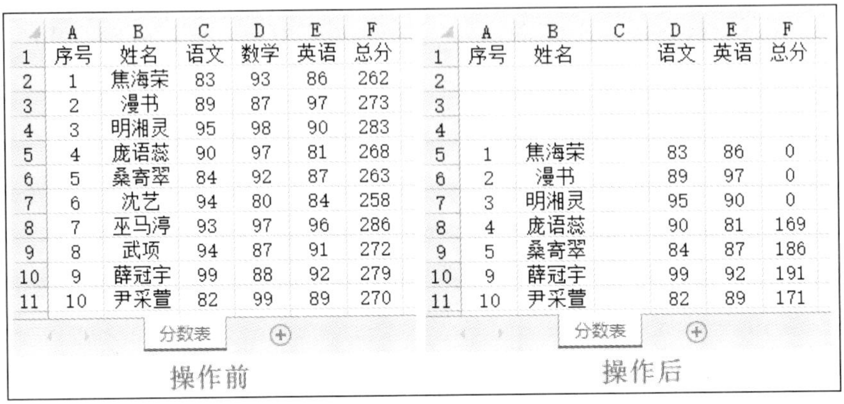

操作前

	A	B	C	D	E	F
1	序号	姓名	语文	数学	英语	总分
2	1	焦海荣	83	93	86	262
3	2	漫书	89	87	97	273
4	3	明湘灵	95	98	90	283
5	4	庞语蕊	90	97	81	268
6	5	桑寄翠	84	92	87	263
7	6	沈艺	94	80	84	258
8	7	巫马淳	93	97	96	286
9	8	武项	94	87	91	272
10	9	薛冠宇	99	88	92	279
11	10	尹采萱	82	99	89	270

分数表

操作后

	A	B	C	D	E	F
1	序号	姓名		语文	英语	总分
2						
3						
4						
5	1	焦海荣		83	86	0
6	2	漫书		89	97	0
7	3	明湘灵		95	90	0
8	4	庞语蕊		90	81	169
9	5	桑寄翠		84	87	186
10	9	薛冠宇		99	92	191
11	10	尹采萱		82	89	171

分数表

图 11-21　对工作表中的数据进行插入与删除操作

插入操作与删除操作的代码如下所示，代码在“Chapter-11-24.py”文件中。

```
1# import openpyxl #导入库
2# wb=openpyxl.load_workbook('Chapter-11-24-1.xlsx');ws=wb.active #读取工作簿与工作表
3# ws.insert_rows(2,3) #插入行
4# ws.insert_cols(3,1) #插入列
5# ws.delete_rows(10,3) #删除行
6# ws.delete_cols(5,1) #删除列
7# wb.save('Chapter-11-24-2.xlsx') #另存工作簿
```

第 3 行代码 ws.insert_rows(2,3)，表示在第 2 行的上面插入 3 行空白行。

第 4 行代码 ws.insert_cols(3,1)，表示在第 3 列的前面插入 1 列空白列。

第 5 行代码 ws.delete_rows(10,3)，表示在第 10 行的上面删除 3 行数据。

第 6 行代码 ws.delete_cols(5,1)，表示在第 5 列的前面删除 1 列数据。

11.5.2　移动单元格

移动单元格是将选定的单元格区域根据偏移的行数和列数移动到目标位置。openpyxl 库提供了 move_range 函数来完成此操作，下面看看它的语法结构。

函数语法：

move_range(cell_range, rows=0, cols=0, translate=False)

参数说明：

cell_range：必选参数，确定要移动的单元格区域，用字符串形式表示，如'A1:C5'。

rows：可选参数，指定要偏移的行数，向下为正数，向上为负数。默认值为 0，表示不偏移。

cols：可选参数，指定要偏移的列数，向右为正数，向左为负数。默认值为 0，表示不偏移。

translate：可选参数，引用方式，False 为绝对引用，True 为相对引用。默认值为 False。

如图 11-22 所示是单元格区域移动前的状态，如图 11-23 所示是单元格区域移动后的状态。下面使用 move_range 函数来讲解移动单元格的操作。

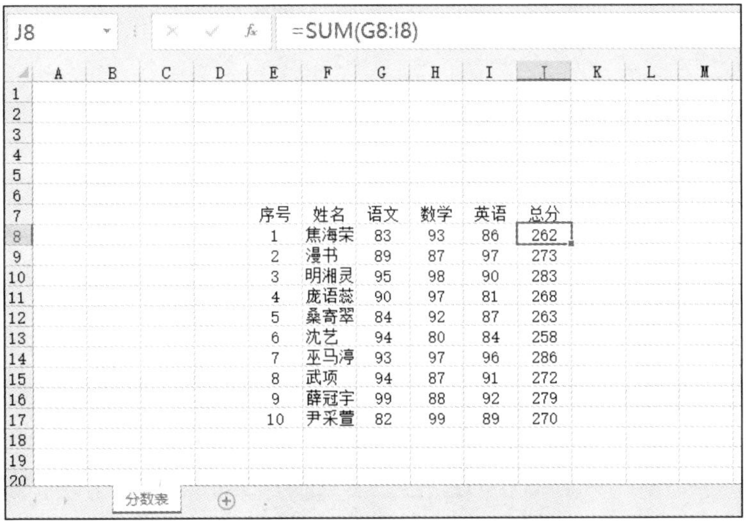

序号	姓名	语文	数学	英语	总分
1	焦海荣	83	93	86	262
2	漫书	89	87	97	273
3	明湘灵	95	98	90	283
4	庞语蕊	90	97	81	268
5	桑寄翠	84	92	87	263
6	沈艺	94	80	84	258
7	巫马渟	93	97	96	286
8	武项	94	87	91	272
9	薛冠宇	99	88	92	279
10	尹采萱	82	99	89	270

图 11-22　单元格区域移动前的状态

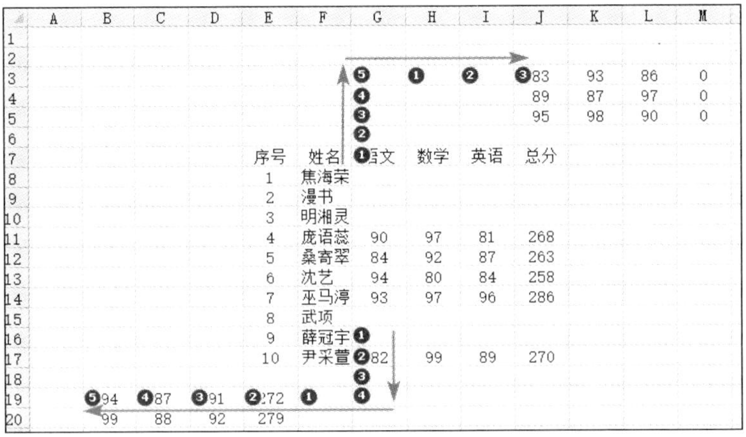

	A	B	C	D	E	F	G	H	I	J	K	L	M
1													
2													
3										83	93	86	0
4										89	87	97	0
5										95	98	90	0
6													
7					序号	姓名	语文	数学	英语	总分			
8					1	焦海荣							
9					2	漫书							
10					3	明湘灵							
11					4	庞语蕊	90	97	81	268			
12					5	桑寄翠	84	92	87	263			
13					6	沈艺	94	80	84	258			
14					7	巫马淳	93	97	96	286			
15					8	武项							
16					9	薛冠宇							
17					10	尹采萱	82	99	89	270			
18													
19		94	87	91	272								
20		99	88	92	279								

图 11-23　单元格区域移动后的状态

移动单元格操作的代码如下所示，代码在“Chapter-11-25.py”文件中。

```
1#  import openpyxl #导入库
2#  wb=openpyxl.load_workbook('Chapter-11-25-1.xlsx');ws=wb.active #读取工
    作簿与工作表
3#  ws.move_range('G8:J10',-5,3,False) #向上且向右移动
4#  ws.move_range('G15:J16',4,-5,True) #向下且向左移动
5#  wb.save('Chapter-11-25-2.xlsx') #另存工作簿
```

第 3 行代码 ws.move_range('G8:J10',-5,3,False)，表示将 G8:J10 单元格区域向上移动 5 行，再向右移动 3 行。移动到目标位置之后，会看到 M3:M5 单元格区域的值是 0，这是因为这个区域有求和公式，而 translate 参数是 False，表示绝对引用，也就是说还引用原来的单元格区域，而原来的单元格区域已经是空白了，所以求和结果变成了 0。

第 4 行代码 ws.move_range('G15:J16',4,-5,True)，表示将 G15:J16 单元格区域向下移动 4 行，再向左移动 5 列。移动到目标位置之后，E19:E20 单元格区域也有求和公式，由于 translate 参数是 True，表示相对引用，也就是引用其前面的 3 个单元格的值并求和，所以最后的求和结果没有变化。

注意，如果移动到的目标位置有数据，则数据将被覆盖。

11.5.3　删除行和列应用案例：按条件筛选数据

本案例要求对 F 列的总分进行筛选，筛选出大于或等于 270 分的记录，也就是保

留大于或等于 270 分的行，如图 11-24 所示。

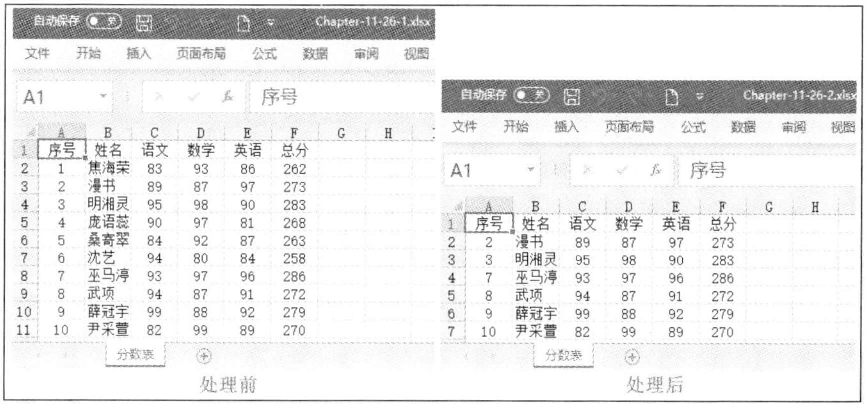

序号	姓名	语文	数学	英语	总分
1	焦海荣	83	93	86	262
2	漫书	89	87	97	273
3	明湘灵	95	98	90	283
4	庞语蕊	90	97	81	268
5	桑寄翠	84	92	87	263
6	沈艺	94	80	84	258
7	巫马渟	93	97	96	286
8	武项	94	87	91	272
9	薛冠宇	99	88	92	279
10	尹采萱	82	99	89	270

序号	姓名	语文	数学	英语	总分
2	漫书	89	87	97	273
3	明湘灵	95	98	90	283
7	巫马渟	93	97	96	286
8	武项	94	87	91	272
9	薛冠宇	99	88	92	279
10	尹采萱	82	99	89	270

图 11-24　按条件筛选数据

编写本案例的代码使用的是反向思维，就是将小于 270 分的行删除，那么保留下来的自然是大于或等于 270 分的行。

本案例的代码如下所示，代码在“Chapter-11-26.py”文件中。

```
1# import openpyxl #导入库
2# wb=openpyxl.load_workbook('Chapter-11-26-1.xlsx',data_only=True) #读取工作簿
3# ws=wb.worksheets[0] #读取工作表
4# for cell in ws['F'][1:]: #将 F 列的单元格对象循环赋值给 cell 变量
5#     if cell.value<270: #如果单元格的值小于 270 分
6#         ws.delete_rows(cell.row) #则删除单元格所在行
7# wb.save('Chapter-11-26-2.xlsx') #另存工作簿
```

第 2 行代码 wb=openpyxl.load_workbook('Chapter-11-26-1.xlsx',data_only=True)，看一下参数 data_only=True，data_only 参数的默认值是 False，修改为 True 表示如果工作表的单元格中有公式，则只返回单元格的值。“分数表”工作表中的 F 列有公式，需要读取这列的值，如果不将 data_only 参数的值修改为 True，那么读取到的就是公式。

第 4 行代码 for cell in ws['F'][1:]:，将 F 列的单元格对象循环赋值给 cell 变量，其中[1:]表示跳过第 1 个单元格，因为 F1 单元格的值是字符串，不是数字，而且也不需要做判断。

第 5 行代码 if cell.value<270:，如果 cell 单元格的值小于 270 分，则执行第 6 行代码的删除操作。

第 6 行代码 ws.delete_rows(cell.row)，如果第 5 行代码的条件成立，则用 cell.row 方式获取单元格的行号，这个行号就是要删除的行号，将这个行号作为 ws.delete_rows 方法的第 1 个参数。

11.5.4　插入行和列应用案例：批量制作工资条

本案例将工资表的每条记录做成工资条的样式，效果如图 11-25 所示。

本案例的编程思路是在有工资数据的每条记录上插入空白行，然后在空白行中写入工资表的表头。

图 11-25　批量制作工资条

本案例的代码如下所示，代码在 "Chapter-11-26.py" 文件中。

```
1# import openpyxl #导入库
2# wb=openpyxl.load_workbook('Chapter-11-27-1.xlsx',data_only=True) #读取
   工作簿
3# ws=wb['工资表'] #读取工作表
4# for cell in ws['B'][2:]: #循环读取单元格对象并赋值给 cell 变量
5#     ws.insert_rows(cell.row) #在指定行插入空白行
6#     for col_num in range(1,7): #循环序列数 1~6 作为列号
7#         tit=ws.cell(1,col_num).value #获取表头的值
8#         ws.cell(cell.row-1,col_num,tit) #将表头的值写入空白行单元格
9# wb.save('Chapter-11-27-2.xlsx') #另存工作簿
```

第 4 行代码 for cell in ws['B'][2:]:，将 B 列的单元格对象循环赋值给 cell 变量。前两行不用循环，因为第 1 行是表头，第 2 行是工资记录，已经是完整的工资条样式，所以使用[2:]切片来跳过，从第 3 行开始循环。实际上不是非要循环 B 列，对哪一列循环都可以，最主要的目的是获取单元格的行号。

第 5 行代码 ws.insert_rows(cell.row)，将 cell.row 作为插入时的位置，默认在上面插入一行。

第 6 行代码 for col_num in range(1,7):，循环序列数 1~6 作为列号，赋值给 col_num 变量，方便后续获取第 1 行表头的数据。

第 7 行代码 tit=ws.cell(1,col_num).value，获取表头的值，然后赋值给 tit 变量。

第 8 行代码 ws.cell(cell.row-1,col_num,tit)，将 tit 变量中的值写入空白行单元格。

第 12 章

Python 与 Excel 结合使用——综合应用案例

前面 11 章讲解了 Python 的基本知识，并穿插介绍了 xlrt、xlwt、openpyxl 等操作 Excel 文件的常用库。本章以学习实际案例为目标，讲解 Python 与 Excel 结合的综合应用案例。

12.1 综合应用案例 1：自定义排序

排序一般是按数字大小或字母顺序排列的，实际上也可以按照自己定义的某种方式排列，比如指定的职务高低、级别大小等。本案例对 D 列的数据按职务高低来排序，排列顺序为经理→主管→职员，排序前后的效果如图 12-1 所示。

本案例的编程思路是将所有职务做成列表，然后将每行记录的职务放到列表中去定位，将定位到的数字位置做升序排列即可 。

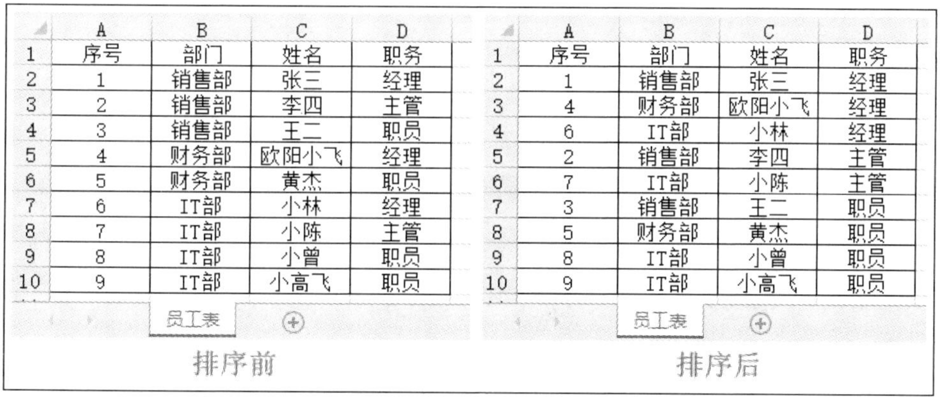

	A	B	C	D
1	序号	部门	姓名	职务
2	1	销售部	张三	经理
3	2	销售部	李四	主管
4	3	销售部	王二	职员
5	4	财务部	欧阳小飞	经理
6	5	财务部	黄杰	职员
7	6	IT部	小林	经理
8	7	IT部	小陈	主管
9	8	IT部	小曾	职员
10	9	IT部	小高飞	职员

员工表

排序前

	A	B	C	D
1	序号	部门	姓名	职务
2	1	销售部	张三	经理
3	4	财务部	欧阳小飞	经理
4	6	IT部	小林	经理
5	2	销售部	李四	主管
6	7	IT部	小陈	主管
7	3	销售部	王二	职员
8	5	财务部	黄杰	职员
9	8	IT部	小曾	职员
10	9	IT部	小高飞	职员

员工表

排序后

图 12-1 自定义排序前后的效果

本案例代码如下所示，代码在“Chapter-12-1.py”文件中。

```
1# import openpyxl #导入库
2# wb=openpyxl.load_workbook('Chapter-12-1-1.xlsx') #读取工作簿
3# ws=wb.worksheets[0] #读取工作表
4# lst1=list(ws.values)[1:] #获取工作表中除表头外所有的数据
5# lst2=sorted(lst1,key=lambda x:['经理','主管','职员'].index(x[3])) #按自定义的职务排序
6# ws.delete_rows(2,ws.max_row) #删除工作表中除表头外的所有行数据
7# for row in lst2: #循环将 lst 列表中的元素赋值给 row 变量
8#     ws.append(row) #将 row 变量的值写入 ws 工作表
9# wb.save('Chapter-12-1-1.xlsx') #保存工作簿
```

第 4 行代码 lst1=list(ws.values)[1:]，按行获取工作表中除表头外的所有记录，然后赋值给 lst1 变量，lst1 是列表，列表中的每个元素是元组，元组中存储的就是每行的数据。

第 5 行代码 lst2=sorted(lst1,key=lambda x:['经理','主管','职员'].index(x[3]))，使用 sorted 函数对 lst1 变量进行排序，排序依据是 key=lambda x:['经理','主管','职员'].index(x[3])，表示用每行中的职务从 ['经理','主管','职员']列表中获取位置，然后根据位置数字排序，最后将排序的结果赋值给 lst2 变量。

第 6 行代码 ws.delete_rows(2,ws.max_row)，由于要写入排序后的新顺序，所以将工作表中原来的记录删除。

第 7 行和第 8 行代码循环将 lst2 新列表写入工作表。

12.2　综合应用案例 2：按行各自排序法

本案例在排序前显示了每个人 1~12 月的业绩，现在要对每个人的业绩按从高到低的顺序排列，并且业绩对应的月份也要随之变化，排序前后的效果如图 12-2 所示。

本案例的编程思路是给每个人的业绩对应地添加月份，然后以业绩为排序依据，当业绩的位置发生变化时，月份的位置也随之改变，最后将排序后的结果写入新工作表即可。

图 12-2　按行各自排序前后的效果

本案例代码如下所示，代码在"Chapter-12-2.py"文件中。

```
1#  import openpyxl #导入库
2#  wb=openpyxl.load_workbook('Chapter-12-2-1.xlsx') #读取工作簿
3#  ws=wb['业绩表'] #读取工作表
4#  lst=list(ws.values) #按行获取 ws 工作表中的所有数据
5#  tit=lst[0][1:] #获取工作表首行 1~12 月的数据
6#  num=0 #初始化 num 变量为 0
7#  nws=wb.create_sheet('处理结果') #在 wb 工作簿中新建工作表
8#  for row in lst[1:]: #循环获取 lst 中的每个元素并赋值给 row 变量
9#      val=zip(tit,row[1:]) #使用 zip 函数将 tit 与 row[1:]组合
10#     lst1=sorted(val,key=lambda x:x[1],reverse=True) #以 val 中每个元素的第
    1 个元素为排序依据进行降序排列
11#     lst2=zip(*lst1) #使用 zip 函数将排序后的 lst1 再次转换回去
12#     for v in lst2: #循环 lst2 变量中的元素，然后赋值给 v 变量
13#         num +=1 #将 num 变量累加 1
14#         nws.append(('月份' if num%2==1 else row[0],)+v) #将各行排序后的结
    果写入新工作表
15# wb.save('Chapter-12-2-2.xlsx') #另存工作簿
```

本案例最关键的步骤是月份与业绩的转换组合，然后进行排序，最后转换回去。

第 9 行代码 val=zip(tit,row[1:])，表示将 tit 与 row[1:]做转换组合。tit 表示 1~12 月的元组('1 月', '2 月', '3 月', '4 月', '5 月', '6 月', '7 月', '8 月', '9 月', '10 月', '11 月', '12 月')。row[1:]表示除姓名外每个人的业绩元组，以第 1 个人"小王"为例，他的业绩返回的元组是(117, 67, 89, 111, 50, 64, 55, 65, 106, 82, 73, 108)，转换组合后的效果相当于[('1 月', 117), ('2 月', 67), ('3 月', 89), ('4 月', 111), ('5 月', 50), ('6 月', 64), ('7 月', 55), ('8 月', 65), ('9 月', 106), ('10 月', 82), ('11 月', 73), ('12 月', 108)]，这样就把月份与每个人的业绩成对地组合在一起了，将这种结构的数据赋值给 val 变量。

第 10 行代码 lst1=sorted(val,key=lambda x:x[1],reverse=True)，表示以 val 中每个元素的第 1 个元素为排序依据，也就是以业绩为排序依据做降序排列。排序结果是[('1 月', 117), ('4 月', 111), ('12 月', 108), ('9 月', 106), ('3 月', 89), ('10 月', 82), ('11 月', 73), ('2 月', 67), ('8 月', 65), ('6 月', 64), ('7 月', 55), ('5 月', 50)]，将这个结果赋值给 lst1 变量。

第 11 行代码 lst2=zip(*lst1)，将 lst1 列表再转换回去，结果相当于[('1 月', '4 月', '12 月', '9 月', '3 月', '10 月', '11 月', '2 月', '8 月', '6 月', '7 月', '5 月'), (117, 111, 108, 106, 89, 82, 73, 67, 65, 64, 55, 50)]，将这个结果赋值给 lst2 变量。

第 12 行代码 for v in lst2:，将 lst2 中的元素循环赋值给 v 变量，便于后续写入新工作表。

第 13 行代码 num +=1，对 num 变量进行累加，后面会对累加出的序列数做奇偶判断，根据判断结果写入不同的数据。

第 14 行代码 nws.append(('月份' if num%2==1 else row[0],)+v)，其中'月份' if num%2==1 else row[0]，表示如果 num 的值除以 2 的余数等于 1，那么返回"月份"，否则返回 row[0]，也就是每行的姓名。将返回的结果做成元组结构与 v 变量连接，将连接后的新元组写入工作表。

第 15 行代码 wb.save('Chapter-12-2-2.xlsx')，保存的工作簿名称与读取的工作簿名称不一样，相当于另存。

12.3　综合应用案例 3：整理不规范数据

本案例在整理前，"优秀员工表"工作表 B 列多个姓名显示在同一个单元格中，这种方式虽然简洁明了，但要做数据分析，还需要整理成标准的一维表结构，整理前后的效果如图 12-3 所示。

本案例的编程思路是对名单中的数据以顿号为分隔符进行拆分，然后与序号、部门做组合写入新工作表。

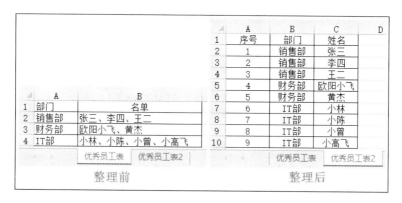

图 12-3　整理不规范数据前后的效果

本案例代码如下所示，代码在"Chapter-12-3.py"文件中。

```
1# import openpyxl #导入库
2# wb=openpyxl.load_workbook('Chapter-12-3-1.xlsx') #读取工作簿
3# ws=wb['优秀员工表'] #读取工作表
```

```
4#  num=0 #初始化 num 变量为 0
5#  if not '优秀员工表 2' in wb.sheetnames: #如果"优秀员工表 2"工作表不存在
6#      nws=wb.create_sheet('优秀员工表 2') #则新建"优秀员工表 2"工作表
7#  else: #否则
8#      wb.remove(wb['优秀员工表 2']) #先删除"优秀员工表 2"工作表
9#      nws = wb.create_sheet('优秀员工表 2') #再新建"优秀员工表 2"工作表
10#nws.append(['序号','部门','姓名']) #在新建工作表中写入表头
11#for row in ws.iter_rows(min_row=2): #从第 2 行开始,将每行数据循环赋值给 row
    变量
12#    for val in row[1].value.split('、'): #获取每行数据的第 1 个元素,以顿号为
    分隔符拆分成列表
13#        num +=1 #对 num 变量累加 1
14#        nws.append([num,row[0].value,val]) #num 是序号,row[0]是部门名称,
    val 是拆分出来的每个人的姓名,将它们组成列表写入新工作表
15#wb.save('Chapter-12-3-1.xlsx') #保存工作簿
```

第 11 行代码 for row in ws.iter_rows(min_row=2):,从第 2 行开始,将每行数据循环赋值给 row 变量。以第 1 条数据为例,row 变量为(<Cell '优秀员工表'.A2>, <Cell '优秀员工表'.B2>)。

第 12 行代码 for val in row[1].value.split('、'):,表示将 row[1].value 中的值以顿号进行拆分,拆分结果为['张三', '李四', '王二'],再将列表中的元素赋值给 val 变量。

第 13 行代码 num +=1,对 num 变量累加 1,作为后续写入时的序号。

第 14 行代码 nws.append([num,row[0].value,val]),将序号、部门名称、姓名组成列表,写入新建的工作表。

12.4   综合应用案例 4:将一维表转换为二维表

一维表只能从行的维度看数据。二维表能够从行、列的维度看数据。一维表的优点在于方便做数据分析,缺点是数据冗余太多。二维表的优点是进行数据呈现时更加简洁明了,缺点是不方便做数据分析。因此,经常有一维表和二维表互转的要求。本案例要求将一维分数表转换为二维分数表。

本案例的编程思路是将姓名作为字典的键,将科目和分数作为值,然后将值中的科目再作为键,将值中的分数再作为值,也就是字典中嵌套子字典。采用这种结构将数据存储在字典中,最后读取出来写入新表。转换前后的效果如图 12-4 所示。

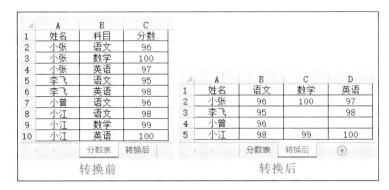

图 12-4　一维表转换为二维表

本案例代码如下所示，代码在"Chapter-12-4.py"文件中。

```
1#  import openpyxl #导入库
2#  wb=openpyxl.load_workbook('Chapter-12-4-1.xlsx') #读取工作簿
3#  ws=wb['分数表'] #读取工作表
4#  dic={} #创建 dic 变量为空字典
5#  nws=wb.create_sheet('转换后');nws.append(['姓名','语文','数学','英语']) #
    新建工作表并在新工作表中写入表头
6#  for row in list(ws.values)[1:]: #按行读取 ws 工作表除表头外的所有数据
7#      if not row[0] in dic.keys(): #如果 row[0]在 dic 字典中不存在
8#          dic[row[0]]={'语文':'','数学':'','英语':''} #则在 dic 字典中创建新的
            键值对，row[0]为键，值为字典
9#          dic[row[0]][row[1]]=row[2] #并且将分数写入字典中的子字典
10#     else: #否则
11#         dic[row[0]][row[1]]=row[2] #不创建字典，只将分数写入字典中的子字典
12# for key,item in dic.items(): #获取 dic 字典中的键和值，然后赋值给对应的 key 和
    item
13#     nws.append([key]+list(item.values())) #将 key 中的值与 item 字典中的
    values（也就是分数）合并成新列表，再写入新工作表
14# wb.save('Chapter-12-4-2.xlsx') #另存工作簿
```

本案例的关键点就是在字典中嵌套子字典。

第 6 行代码 **for row in list(ws.values)[1:]:**，获取每行数据并赋值给 row 变量，以第 1 条记录('小张', '语文', 96)为例。

第 7 行代码 **if not row[0] in dic.keys():**，如果 row[0]在字典中不存在，也就是如果姓名在字典中不存在，比如当前是'小张'，在 dic 字典中不存在，则在第 8 行的 dic 字典中创建键值对。

第 8 行代码 dic[row[0]]={'语文':'','数学':'','英语':''}，将 row[0]作为 dic 字典的键，将{'语文':'','数学':'','英语':''}作为 dic 字典的值。

第 9 行代码 dic[row[0]][row[1]]=row[2]，将分数写入 dic 字典的子字典中。dic[row[0]]用来确定哪个人，dic[row[0]][row[1]]用来确定哪个人的哪个科目，然后将分数写入对应的位置，比如第 1 条记录，相当于在"小张"的"语文"科目中写入 96。

第 11 行代码 dic[row[0]][row[1]]=row[2]，表示如果第 7 行代码的判断条件不成立，也就是说以姓名为键的字典键值对存在，就只写入对应科目的分数。

第 12 行代码 for key,item in dic.items():，获取 dic 字典的所有键值对，dic.items()中的值为 dict_items([('小张', {'语文': 96, '数学': 100, '英语': 97}), ('李飞', {'语文': 95, '数学': '', '英语': 98}), ('小曾', {'语文': 96, '数学': '', '英语': ''}), ('小江', {'语文': 98, '数学': 99, '英语': 100})])。可以看到，每个科目对应的分数已经获取，为空的表示该科目没有分数。

第 13 行代码 nws.append([key]+list(item.values()))，将 dic 字典中的数据组合成列表，以第 1 条为例就是['小张', 96, 100, 97]，然后写入新工作表。

12.5　综合应用案例 5：根据业绩计算提成金额

本案例根据"提成表"工作表计算每个人的提成金额，首先根据业绩到"提成表"工作表中获取对应的提成点数，然后与业绩相乘，便得到提成金额，如图 12-5 所示。

图 12-5　根据业绩计算提成金额

本案例的编程思路是将提成金额做成自定义函数，也就是在自定义函数中将查询到的提成点数乘以业绩，将得到的金额返回给函数。

本案例代码如下所示，代码在"Chapter-12-5.py"文件中。

```
1# import openpyxl  #导入库
2# wb=openpyxl.load_workbook('Chapter-12-5-1.xlsx') #读取工作簿
3# ws1=wb['业绩表'];ws2=wb['提成表'] #读取工作表
4# lst=list(ws2.values)[1:] #获取提成表的数据
5# def query(num,iterable): # 自定义 query 函数，用于查询提成点数并计算提成金额
6#    for level in iterable:  #循环获取每个提成等级的起始金额、终止金额和提成点数
7#        if num>=level[0] and num<level[1]:#如果 num 的值大于或等于起始金额，并且小于终止金额
8#            return num*level[2] #那么将 num 的值乘以提成点数，将得到的提成金额作为函数返回值
9#            break  #跳出循环
10# for v in [cell for cell in ws1['B']][1:]:  #将"业绩表"工作表 B 列单元格的值循环赋值给 v 变量
11#    v.offset(0,1).value=query(v.value,lst)  #使用 query 函数计算每个业绩的提成金额并写入单元格
12# wb.save('Chapter-12-5-2.xlsx')  #保存工作簿
```

第 4 行代码 lst=list(ws2.values)[1:]，获取"提成表"工作表的数据[(0, 10000, 0), (10000, 15000, 0.05), (15000, 30000, 0.08), (30000, 50000, 0.1), (50000, 100000, 0.15), (100000, 1000000, 0.2)]。

第 5~9 行代码是自定义函数 query 的代码。函数的第 1 个参数是业绩，第 2 个参数是由每级提成点数构成的列表。

第 10 行代码 for v in [cell for cell in ws1['B']][1:]:，将"业绩表"工作表 B 列的每个业绩循环赋值给 v 变量。

第 11 行代码 v.offset(0,1).value=query(v.value,lst)，在单元格中写入提成金额。写入的目标单元格 v 需要偏移 0 行 1 列，写入的值为 query 函数计算出的每个业绩的提成金额。

12.6　综合应用案例 6：查询业绩表中每个月的最高业绩记录

"业绩表"工作表中显示了所有部门的所有人在 1 月、2 月、3 月的业绩，现在需要查询每个月最高业绩的记录。查询结果需要显示最高业绩对应的部门、姓名、月份、业绩 4 个数据，如图 12-6 所示。

本案例的编程思路是找到指定月份的最大值，然后将该月份所有业绩单元格的值与该月份的最大值做比较，如果等于最大值，则获取该业绩单元格的相关信息，写入新工作表即可。

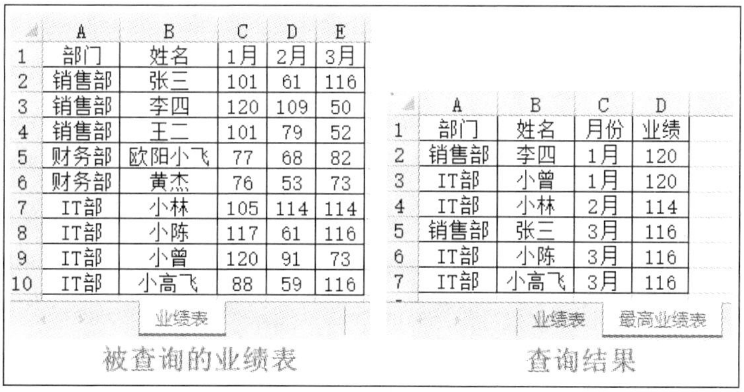

图 12-6　查询业绩表中每个月的最高业绩记录

本案例代码如下所示，代码在 "Chapter-12-6.py" 文件中。

```
1#  import openpyxl #导入库
2#  wb=openpyxl.load_workbook('Chapter-12-6-1.xlsx') #读取工作簿
3#  ws=wb['业绩表'] #读取工作表
4#  if not '最高业绩表' in wb.sheetnames: #如果新建的表在工作簿中不存在
5#      nws=wb.create_sheet('最高业绩表') #则新建工作表
6#  else: #否则，也就是如果存在
7#      wb.remove(wb['最高业绩表']) #则先删除此工作表
8#      nws=wb.create_sheet('最高业绩表') #再新建工作表
9#  nws.append(['部门','姓名','月份','业绩']) #在新建的工作表中写入表头
10# for col in ws.iter_cols(min_row=2,min_col=3): #从 C2 单元格开始，按列获取
        每列的数据
11#     lst=[v.value for v in col] #使用列表推导式将每列的单元格对象转换为值
12#     max_val=max(lst) #在 lst 列表中求出最大值
13#     for cell in filter(lambda x:x.value==max_val,col): #筛选出每列等于最
        大值的单元格，然后循环赋值给 cell 变量
14#         tup=ws[cell.row][:2]+(ws.cell(1,cell.column),cell) #获取最大值所
```

在行的部门、姓名、月份、业绩单元格，组合成一个 tup 元组

```
15#        nws.append([v.value for v in tup]) #对 tup 元组做列表推导式，获取单元
格的值形成列表，再写入新建的表
16#wb.save('Chapter-12-6-1.xlsx') #保存工作簿
```

第 4~8 行代码执行新建工作表的操作：若新建的工作表不存在，则新建；若新建的工作表存在，则删除该工作表，然后新建工作表。

第 9 行代码 nws.append(['部门','姓名','月份','业绩'])，给新建的工作表写入表头。

第 10 行代码 for col in ws.iter_cols(min_row=2,min_col=3):，从 C2 单元格开始，按列循环获取所有月份的数据，然后赋值给 col 变量。

第 11 行代码 lst=[v.value for v in col]，col 变量存储的是每列单元格，现在使用列表推导式提取其中的值，组成列表并赋值给 lst 变量。

第 12 行代码 max_val=max(lst)，获取 lst 列表中的最大值。

第 13 行代码 for cell in filter(lambda x:x.value==max_val,col):，其中 filter(lambda x:x.value==max_val,col)使用 filter 函数筛选 col 中等于最大值的单元格。如果最大值不止一个，那么筛选结果也不止一个，所以要使用 for 循环将筛选结果遍历出来，将等于最大值的单元格赋值给 cell 变量。

第 14 行代码 tup=ws[cell.row][:2]+(ws.cell(1,cell.column),cell)，其中 ws[cell.row][:2]获取 cell 单元格所在行的前两个单元格，也就是部门和姓名。(ws.cell(1,cell.column),cell)获取月份单元格和业绩单元格。整行代码的结果是元组，元组的每个元素是单元格对象，最后把这个元组赋值给 tup 变量。

第 15 行代码 nws.append([v.value for v in tup])，其中[v.value for v in tup]使用列表推导式获取 tup 变量中每个单元格的值，然后写入新工作表。

12.7　综合应用案例 7：二维表的多种汇总方式

本案例对"业绩表"工作表进行汇总，以部门为依据，汇总每个部门的总业绩、最高业绩、最低业绩、计数。如图 12-7 所示为处理前后的效果。当前"业绩表"工作表是以二维表的结构呈现的，如果使用 Excel 来完成，就必须转换为一维表的结构。

下面看看使用 Python 如何完成汇总处理。

本案例的编程思路是创建一个字典，将部门名称作为键，将每个月的数据添加到对应的值，然后对字典中的值进行汇总处理。

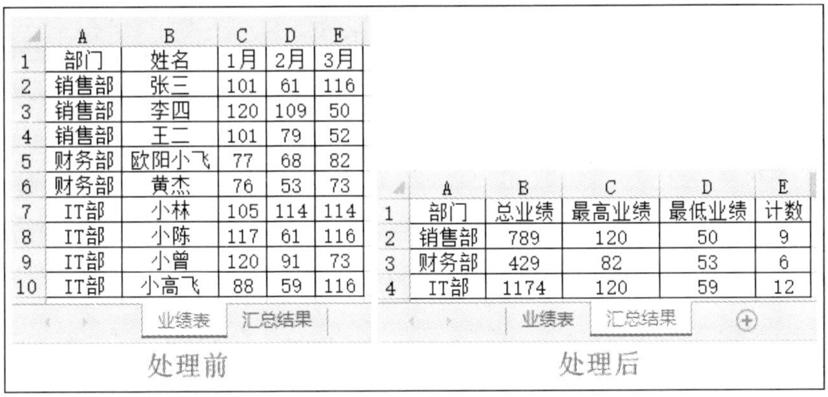

图 12-7　二维表汇总处理前后的效果

本案例代码如下所示，代码在"Chapter-12-7.py"文件中。

```
1# import openpyxl #导入库
2# wb=openpyxl.load_workbook('demo.xlsx') #读取工作簿
3# ws= wb['业绩表'] #读取工作表
4# if not '汇总结果' in wb.sheetnames: #如果"汇总结果"工作表在工作簿中不存在
5#     nws=wb.create_sheet('汇总结果') #则新建"汇总结果"工作表
6# else: #否则
7#     wb.remove(wb['汇总结果']) #先删除"汇总结果"工作表
8#     nws = wb.create_sheet('汇总结果') #再新建"汇总结果"工作表
9# nws.append(['部门','总业绩','最高业绩','最低业绩','计数']) #给新建的工作表添加表头
10# dic={} #创建dic空字典
11# for row in list(ws.values)[1:]: #按行循环获取ws工作表中的每行数据
12#     if not row[0] in dic.keys(): #如果row[0]在dic字典中不存在
13#         dic[row[0]]=list(row[2:]) #那么以row[0]为键，以row[2:]为值，创建新的键值对
14#     else: #否则
15#         dic[row[0]].extend(row[2:]) #将row[2:]添加到row[0]键对应的值中
16# for key,item in dic.items(): #循环获取dic字典的所有键和值
17#     nws.append([key,sum(item),max(item),min(item),len(item)])  # 汇总item列表中的数据，写入新工作表
18# wb.save('demo.xlsx') #保存工作簿
```

第 1~10 行代码为数据的读取和写入做准备。

第 11 行代码 for row in list(ws.values)[1:]:，其中 list(ws.values)[1:]按行获取 ws 工作表中的所有数据，然后循环赋值给 row 变量，相当于把每行的数据赋值给了 row 变量。

第 12 行代码 if not row[0] in dic.keys():，如果 row[0]在 dic 字典中不存在，也就是如果"部门"在 dic 字典中不存在，则执行第 13 行代码。

第 13 行代码 dic[row[0]]=list(row[2:])，如果第 12 行代码条件成立，则将 row[0]作为键，将 row[2:]作为值，新建对应的键值对。row[2:]是元组，因为后续要往里添加数据，所以外层加一个 list 转换为列表。

第 14 行代码 else:，如果 row[0]在 dic 字典中存在，则执行后面的语句。

第 15 行代码 dic[row[0]].extend(row[2:])，如果第 12 行代码条件不成立，也就是 row[0]键存在，则用 extend 方法向键对应的值中添加业绩。

第 16 行代码 for key,item in dic.items():，循环字典中所有的键和值，其中 key 是所有部门，item 是对应的所有业绩。

第 17 行代码 nws.append([key,sum(item),max(item),min(item),len(item)])，使用 sum、max、min、len 函数对 item 中的业绩进行汇总，然后写入新工作表。

12.8　综合应用案例 8：按多列分组汇总

本案例对"分数表"工作表进行分组汇总，以学校、年级、班级 3 个字段为分组依据，求总分和人数。汇总前后的效果如图 12-8 所示。

本案例的编程思路是以学校、年级、班级组成的元组为字典的键（前面在学习字典时讲过不可变对象都可以作为字典的键，比如数字、字符串、元组），将分数存储在键对应的值中，最后对字典中的值进行汇总处理。

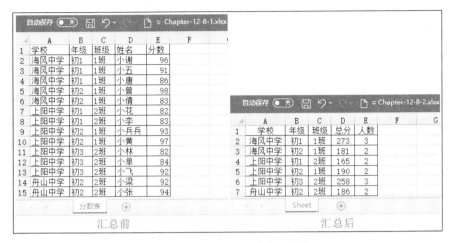

图 12-8　按多列分组汇总前后的效果

本案例代码如下所示，代码在"chapter-12-8.py"文件中。

```
1# import openpyxl #导入库
2# wb=openpyxl.load_workbook('Chapter-12-8-1.xlsx') #读取工作簿
3# ws=wb['分数表'] #读取工作表
4# dic={} #初始化 dic 变量为空字典
5# nwb=openpyxl.Workbook() #新建工作簿
6# nwb.active.append(['学校','年级','班级','总分','人数']) #在新工作簿默认创建
    的新工作表中写入表头
7# for row in list(ws.values)[1:]: #按行获取 ws 工作表中的所有数据，然后按行循环
    赋值给 row 变量
8#     if not row[:3] in dic.keys(): #将学校、年级、班级构成的元组作为字典的键，
        判断在 dic 字典中是否存在，如果不存在
9#         dic[row[:3]]=[row[-1]] #则以(学校,年级,班级)为键，以分数为值，新建键
        值对
10#     else: #否则（如果条件成立）
11#         dic[row[:3]].append(row[-1]) #向键对应的值中添加元素
12# for key,item in dic.items(): #循环 dic 字典中所有的键和值，对应赋值给 key 和
    item 变量
13#     nwb.active.append(key+(sum(item),len(item))) #将字典中的键与求和、计数
    结果合并成元组，再写入新工作表
14# nwb.save('Chapter-12-8-2.xlsx') #保存新建的工作簿
```

第 1~6 行代码为数据的读取和写入做准备。

第 7 行代码 for row in list(ws.values)[1:]:，按行获取 ws 工作表中的所有数据，再使用 list 转换为列表，然后逐行赋值给 row 变量。

第 8~11 行代码将学校、年级、班级组成的元组作为键，将分数写入对应的值或添加到对应的值中。

第 12 行代码 for key,item in dic.items():，将 dic 字典中的所有键和值循环赋值给 key 和 item 变量，方便后续做汇总处理。

第 13 行代码 nwb.active.append(key+(sum(item),len(item)))，key 是学校、年级、班级组成的元组，与(sum(item),len(item))汇总的结果进行合并，最后写入新工作表。

12.9　综合应用案例 9：多工作簿数据汇总

本案例在数据处理前，"比赛获奖表"文件夹中有多个工作簿，为了方便演示，本案例只放置了 3 个工作簿，要求以学区名称汇总每个学区的平均分，处理前后的效果如图 12-9 所示。

本案例的编程思路是新建一个字典，逐条读取"比赛获奖表"文件夹中每个工作簿下所有工作表的所有记录，将学区名称（工作簿名称）作为键，键对应的值是列表，将学区下的每个分数添加到列表中。总之，就是把每个学区的分数存储在键对应的值中。后续读取字典中的数据做平均处理就可以了。

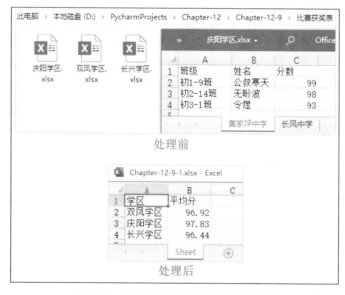

图 12-9　多工作簿数据汇总前后的效果

　　本案例代码如下所示，代码在 "Chapter-12-9.py" 文件中。

```
1#  import os,openpyxl #导入库
2#  files=os.listdir('比赛获奖表') #获取"比赛获奖表"文件夹中的所有文件
3#  dic={} #初始化 dic 变量为空字典
4#  for file in files: #循环 files 中的工作簿名，然后赋值给 file 变量
5#      wb=openpyxl.load_workbook('比赛获奖表\\'+file) #读取"比赛获奖表"文件夹
    中的所有工作簿，然后赋值给 wb 变量
6#      for ws in wb.worksheets: #循环读取 wb 工作簿中的所有工作表，然后赋值给 ws
    变量
7#          rows=list(ws.values)[1:] #按行获取每个工作表中的所有数据，然后赋值给
    rows 变量
8#          for row in rows: #循环获取 rows 变量中的每行数据，然后赋值给 row 变量
9#              wbname=file.split('.')[0] #获取工作簿名称（不要扩展名），然后赋值给
    wbname 变量
10#             if not wbname in dic.keys(): #如果 wbnamed 不存在，则进行字典键值
    对的新建
11#                 dic[wbname]=[row[2]] #在 dic 字典中，wbname 为键，存储在列表中
    的 row[2] 为值
12#             else: #否则，如果 wbnamed 存在，则往键对应的值中添加数据
13#                 dic[wbname].append(row[2]) #将 row[2] 添加到 wbname 键所对应的
    值中
14# nwb=openpyxl.Workbook() #新建工作簿
15# nwb.active.append(['学区','平均分']) #在工作簿的活动工作表中写入表头
16# for key,item in dic.items(): #循环处理 dic 字典的所有键和值
17#
    nwb.active.append([key,float('{:.2f}'.format(sum(item)/len(item)))])
    #key 为学区，根据 item 计算平均分，将结果写入工作表
18# nwb.save('Chapter-12-9-1.xlsx') #保存新建的工作簿
```

　　第 2 行代码 files=os.listdir('比赛获奖表')，获取 "比赛获奖表" 文件夹中的所有文件，文件夹中最好都放 Excel 文件，因为如果有其他文件，也会被读取。files 变量以列表形式存储获取到的文件名。

　　第 3 行代码 dic={}，初始化 dic 变量，用于后续存储工作簿名称及工作簿中的分数。

　　第 4 行代码 for file in files:，循环获取 files 列表中的元素，然后赋值给 file 变量。

　　第 5 行代码 wb=openpyxl.load_workbook('比赛获奖表\\'+file)，读取获取到的工作簿对象，然后赋值给 wb 变量。

第 6 行代码 for ws in wb.worksheets:，读取 wb 工作簿中的所有工作表，然后循环赋值给 ws 变量，方便后续读取工作表中的数据。

第 7 行代码 rows=list(ws.values)[1:]，按行获取 ws 工作表中的所有数据，再使用 list 转换为列表，注意第一行表头不需要转换，然后赋值给 rows 变量。

第 8 行代码 for row in rows:，获取 rows 中的每行数据并赋值给 row 变量。

第 9 行代码 wbname=file.split('.')[0]，对工作簿名称以点（.）为分隔符拆分为列表，然后获取工作簿名称并赋值给 wbname 变量。

第 10~13 行代码，以 wbname 为键，将 row[2] 写入键对应的值中，相当于按学区名称对分数进行分类存储。

第 14 行和第 15 行代码分别新建工作簿及在默认新建的工作表中写入表头。

第 16 行和第 17 行代码将 dic 字典中的数据进行汇总处理，对每个键对应的值进行平均计算，然后组成元组写入新工作表。

第 18 行代码保存新工作簿。

12.10　综合应用案例 10：计划招生与实际招生对比

本案例 "计划表" 工作表中是各招生员的姓名及计划招生人数，要求对 "招生表" 工作表进行统计，统计每个招生员实际的招生人数，以及是否达标，将统计结果写入 "计划表" 工作表的 C 列，处理前后的效果如图 12-10 所示。

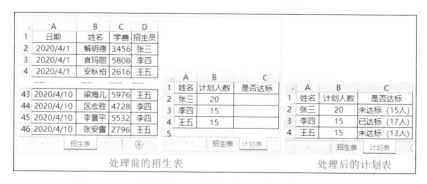

图 12-10　计划招生与实际招生对比处理前后的效果

本案例的编程思路是用字典结构统计"招生表"工作表中各个招生员的招生人数，然后与"计划表"工作表中的计划人数进行比较，判断是否达标。

本案例代码如下所示，代码在"Chapter-12-10.py"文件中。

```
1#  import openpyxl  #导入库
2#  wb=openpyxl.load_workbook('Chapter-12-10-1.xlsx')  #读取工作簿
3#  ws1=wb['招生表'];ws2=wb['计划表']  #读取"招生表"和"计划表"工作表
4#  dic=dict.fromkeys([v.value for v in ws2['A'][1:]],0)  #创建字典，用招生员
    批量创建键
5#  for row in list(ws1.values)[1:]:  #读取ws1工作表中所有的数据，然后逐行赋值给
    row变量
6#      dic[row[3]] +=1  #对row[3]键对应的值累加1
7#  for row in ws2.iter_rows(min_row=2):  #获取"计划表"工作表的数据，从第2行开
    始按行获取
8#      lst=[cell.value for cell in row]  #使用列表推导式获取row变量中的值
9#      if dic[lst[0]]>=lst[1]:  #判断每个招生员的招生数量，如果大于或等于计划数量
10#         row[2].value='已达标（{}人）'.format(dic[lst[0]])  #则在对应的单元格
    中写入"已达标"
11#     else:#否则
12#         row[2].value='未达标（{}人）'.format(dic[lst[0]])  #在对应的单元格中
    写入"未达标"
13# wb.save('Chapter-12-10-1.xlsx')  #保存工作簿
```

第2行和第3行代码读取"招生表"工作表和"计划表"工作表。

第4行代码 dic=dict.fromkeys([v.value for v in ws2['A'][1:]],0)，创建字典，用招生员批量创建键，键对应的值统一为0，方便后续对招生人数进行计数。

第5行代码 for row in list(ws1.values)[1:]:，按行获取 ws1 工作表中的数据，然后赋值给 row 变量。

第6行代码 dic[row[3]] +=1，以 row[3]为键，累计统计每个招生员的招生人数，存储在键对应的值中。

第7行代码 for row in ws2.iter_rows(min_row=2):，按行获取 ws2 的每行数据并赋值给 row 变量。注意 row 变量是元组类型，每个元素是单元格对象，不是单元格的值。

第8行代码 lst=[cell.value for cell in row]，使用列表推导式将每行单元格的值取出来。

第 9 行代码 if dic[lst[0]]>=lst[1]:，其中 lst[0] 返回的是招生员姓名，可以作为 dic 字典的键，对应定位到该键的值，该值就是实际的招生人数，然后与计划人数 lst[1] 做比较。

第 10 行代码 row[2].value='已达标（{}人）'.format(dic[lst[0]])，如果条件成立，则返回"已达标"及对应的人数。

第 12 行代码 row[2].value='未达标（{}人）'.format(dic[lst[0]])，如果条不成立，则返回"未达标"及对应的人数。